ちくま文庫

身近な雑草の愉快な生きかた

稲垣栄洋　三上修 画

筑摩書房

プロローグ——雑草たちの世界へようこそ

逆境の時代である。

「雑草のように強く生きろ」、そんな人生訓もよく耳にするようになった。

踏まれても踏まれても立ち上がる雑草。抜いても抜いても生えてくる雑草。そんな雑草の姿に人々は「強さ」を感じる。しかし実際には、雑草はどのような「生き方」をしているのだろう。

強いと思われがちな雑草だが、意外なことに本来は決して強い植物ではない。それどころか、むしろ弱い植物であるとさえいわれているくらいなのだ。

弱いはずの彼らが力強く生きている秘密、そのキーワードが「逆境」である。

雑草たちが暮らす環境は、ただ歯を食いしばって頑張るだけで生き抜けるほど甘くはない。踏まれたり、蹴られたり、抜かれたり、刈られたり、さまざまな困難がつぎつぎと彼らに降りかかるのである。それでも雑草は、根を下ろした場所から逃げ出すことができない。そこがどんなに厳しい環境であっても、その場所で生涯を終えるしかないのである。

そんな宿命を背負って、開き直ったのかどうかはわからないが、雑草は逃げることなく困難な環境と向き合い、逆境を受け入れる道を選んだ。そしてついには、逆境のなかで強く生きる術を身につけたのである。

前書『雑草の成功戦略』（NTT出版）では、雑草の基本的な生存戦略を紹介しながら、逆境を味方にすることが雑草の成功に共通のセオリーであるとお話しした。

しかし、何事もそうだが、いざ実践してみるとセオリーどおりにいかないのが世の常である。個々の雑草が実際にはどうやって逆境を味方につけているのか、少し気になるところではある。そもそも、私たち一人一人の生き方が違うように、「雑草の生き方」と一口にいっても実にさまざまである。種類や環境が異なれば、その生活ぶりはまったく違ったものになるのだ。

「名もなき草」とひとくくりにされることの多い雑草だが、一つ一つの生き方は、実に個性的でユニークである。植物学というと、何か難しい勉強科目のようで無味乾燥なものに感じられるかもしれない。しかし、彼らの生きる姿は、本当は実にいきいきとしている。そして、生命の躍動にあふれた雑草の生き方はどれもが輝きに満ちているのだ。

そこで、好奇心にまかせて、雑草たちの生き方と暮らしぶりをのぞきみようとしたのがこの本である。私たちの身近な雑草たちのなかから個性豊かな五十種を取り上げて、逆境に生きる彼らの知恵と工夫の数々を紹介したいと思う。

大いなる野望を抱いていたり、試行錯誤の失敗を繰り返したり。切なく、ほろ苦い彼らの懸命な生活ぶりに大いに共感する方もいるだろう。苦し紛れにも見える秘策は皆さんの失笑を誘うことさえあるかもしれない。しかし、逆境に立ち向かい続けるしたたかでたくましい彼らの生き方は、私たちをまちがいなく驚愕させることだろう。そして、雑草たちのドラマは、今まさに逆境に立ち向かっている方々にとって力強い応援歌となってくれるはずである。逆境によって強くなれるのは、決して雑草ばかりではないのだ。

昔ばなしのなかに登場する「聞き耳頭巾」という頭巾がある。これをかぶると鳥や獣の話すことがわかるようになるという代物だ。この本をお読みいただくあなたは、きっと雑草の世界を感じる「聞き耳頭巾」を手に入れることになるだろう。

さあ、それではさっそく、足もとに広がる雑草たちの世界をご案内することにしよう。気づかれないように、そーっと。

目次

身近な雑草の愉快な生きかた

スミレ

菫《すみれ》　スミレ科

野に咲く花のシティライフ

山路《やまじ》来て何やらゆかし菫草《すみれぐさ》（『野ざらし紀行』）

松尾芭蕉の句に詠まれるように、スミレは山道のやや明るいところによく生えている。しかし、山野に咲くイメージが強いスミレも、気をつけてみるとコンクリートの割れ目や石垣の隙間など、街のなかでも見ることができる。

スミレの種子には「エライオソーム」というゼリー状の物質が付着している。この物質はアリの好物で、お菓子の「おまけ」のような役割を果たしている。子どもたちが「おまけ」欲しさにお菓子を衝動買いしてしまうように、アリもまたエライオソームを餌とするために種子を自分の巣に持ち帰るのだ。このアリの行動によってスミレの種子は遠くへ運ばれるのである。

しかし、アリの巣は地面の下にある。地中深くへと持ち運ばれたスミレは芽を出すことができるのだろうか。もちろん心配はご無用。これも計算のうちである。

13　スミレ

アリがエライオソームを食べ終わると、種子が残る。種子はアリにとっては食べられないゴミなので、巣の外へ捨ててしまうのだ。このアリの行動によってスミレの種子はみごとに散布されるのである。

アリの巣は必ず土のある場所にある。街のなかではアリの巣の出入口はアスファルトやコンクリートの隙間をうまく利用している。野の花のイメージが強いスミレが街の片隅のコンクリートの隙間や石垣に生えているのは、わずかな土を選んでアリに種を播いてもらっているからにほかならない。そのうえ、アリのごみ捨て場所には、ほかにも植物の食べかすなども捨てられているから、水分も栄養分も豊富に保たれているという特典つきである。

スミレは花にも驚くべき秘密がある。スミレの花をよく見ると、花を長くして後ろへ突き出た形になっている。この突き出ているのが「距」と呼ばれる部分である。距は蜜の容れ物になっている。茎は前方の花の部分と後方の距の真ん中についていて、やじろべえのようにバランスをとっている。花を長くするために、中央でバランスをとるような構造になっているのである。

そうまでして花を長くしたのには理由がある。花にはさまざまな虫が訪れる。花粉を運んでくれる虫もいれば、花粉を運ばずに蜜だけを盗んでいく虫もいる。スミレは玉石混淆の虫のなかから、真に花粉を運んでくれるパートナーを選び出さなければならない。そのため長い花を作り上げたのである。

『イソップ物語』の「ツルとキツネ」では、ツルがごちそうした長い筒状の容器では、キツネはスープを飲むことができなかった。代わりにキツネがごちそうした平たい容器では、ツルはスープを飲むことができなかった。スミレの花粉を運んでくれるのは、舌を長く伸ばすことのできるハナバチの仲間である。だから、ツルの話と同じように長い筒状の容器を用意すればいい。これがスミレの花が長くなった理由である。

花のなかをのぞいてみると、雌しべのまわりには膜があって、ちょうど片手で水をすくうときのような形になっている。片手の中指の部分が雌しべになっていて、雌しべと膜とで花粉を入れる容れ物となるのだ。そして、雄しべは花粉をこの容れ物のなかにすべて落として入れてしまうのである。

これで準備は整った。ハナバチが訪れて、花のなかに頭を突っ込むと、五本の指から中指が離れるように雌しべの部分がずれて容れ物に隙間ができる。そして、花粉がこぼれ落ちてハナバチの頭に降り注ぐのである。忍者屋敷のしかけを連想させるような何とも手の込んだ構造になっている。

しかし、こんなに用意周到に準備して待っていても、春を過ぎるとハナバチはすっかり訪れなくなってしまう。そのころになるとスミレはつぼみ（蕾）のまま、花を咲かせなくなる。別にふてててしまったわけではない。つぼみのなかで雄しべが雌しべに直接ついて、受粉してしまうのである。開くことなく種子をつけるこの花は「閉鎖花」と呼ばれている。閉鎖花は最初から咲く気がないのである。

たしかに、自分の花粉をつけるよりも他の花から運んでもらった花粉をつけるほうがいい。そのほうが、さまざまな遺伝子を持つ子孫を残すことができるからである。しかし、それはハナバチが訪れてくれればの話である。いくら理想を語っても種子が残せなければ意味がない。そこで次善の策として自分の花粉で受精するのである。

この閉鎖花にもメリットはある。

一つは虫まかせな方法に比べて、確実に種子を残すことができる。さらに季節にも左右されないので、ハナバチが訪れなくなった夏から秋まで種子の生産が可能である。もう一つは、コスト削減が可能な点にある。虫を呼び寄せるための花びらも蜜も必要ない。花粉も受精に必要な最低限の量を用意すればいいのだ。

ひっそりと咲くスミレを「ゆかしい」と評した松尾芭蕉も、もしこの花のしたたかさを知ったなら、一体どう表現しただろうか。

オオイヌノフグリ

――キリストの奇跡が結実した後は？

大犬《おおいぬ》の陰嚢《ふぐり》　ゴマノハグサ科

植物の本に必ず「かわいそうな名前」と紹介されているのがオオイヌノフグリである。早春にいち早くコバルトブルーの美しい花を咲かせて、春の訪れを感じさせてくれるオオイヌノフグリを愛する人は多い。しかし、この名前の意味は「大犬のふぐり」である。実はふぐりとは陰嚢《いんのう》、すなわち睾丸《こうがん》のことだ。方言名ではそのものズバリ、「イヌノキンタマ」と呼ぶ地方もある。

オオイヌノフグリは帰化植物だが、似た仲間に日本在来のイヌノフグリという植物がある。花の実が後ろから見た犬のふぐりに似ているため、この名がつけられた。物に見立ててうまいあだ名をつける人がいるが、イヌノフグリもまさに「座布団一枚！」の口である。

オオイヌノフグリの実もふぐりに似ている。しかし、在来のイヌノフグリの実は丸く、だらんとして野暮ったいのに比べて、舶来もののオオイヌノフグリの実はやや尖っていて、しゃきっとしている。いわば貴族のふぐりとでもいおうか。

犬ふぐり星のまたたく如くなり（高浜虚子）

この句で詠まれているのはもちろん犬のきんたまではない。オオイヌノフグリの花である。早春に咲く姿はまさに星をちりばめたように美しい。日本でも「星のひとみ」と呼ぶ地域もある。英名は「キャッツ・アイ（猫の瞳）」で、高価な宝石を思わせる。いずれもオオイヌノフグリよりはずっとふさわしい呼び名に思えるが、当たり前すぎて座布団をあげる気にはなれない。

美しい花をふぐり呼ばわりしてはかわいそうと、「瑠璃唐草《るりからくさ》」や「瑠璃鍬形《るりくわがた》」という名も提案されたが、結局定着せず、今でも「犬のふぐり」のままである。大人になって、どんなに立派になっても幼なじみから昔の恥ずかしいあだ名で呼ばれてしまうようなものだろう。うまいあだ名をつけられた者の宿命というべきだろうか。

オオイヌノフグリの学名は「ベロニカ」という。重い十字架を背負って刑場に向かうキリストの顔の汗を拭いてあげた女性のハンカチに、キリストの顔が浮かび上がるという奇跡が起きた。この女性の名がベロニカである。オオイヌノフグリの美しい花をよく見ると、花のなかにキリストらしい人の顔が浮かび上がっている。これがベロニカと呼

19　オオイヌノフグリ

ばれるゆえんである。なんと高貴な名なのだろう。

花に浮かび上がったこのキリストの顔は、実はハチやアブを呼び寄せるための模様である。四枚の花びらには中央へ向かって蜜のありかを示すガイドラインが引かれている。まさに迷えるハチたちを導いているのである。

とはいっても、オオイヌノフグリがハチを呼び寄せるのは、もちろんハチたちを思ってのことではない。

オオイヌノフグリの花は揺れやすいしくみになっているので、訪れたハチやアブは振り落とされないように懸命である。そのとき、ちょうどしがみつきやすい位置に雄しべと雌しべが配置されている。そして、ハチがもがいてしがみつくと、花粉がハチの体につくのである。溺れる者は藁をもつかむ。必死にしがみつこうとしながらオオイヌノフグリの受粉に利用されているか弱き昆虫たちに、神のご加護があることを祈らずにいられない。

こうしてみごとに受粉に成功した高貴なベロニカは、やがて実を太らせていく。そしてキリストの顔を浮かび上がらせた奇跡の花は、ついには凡俗な「犬のふぐり」へと姿を変えていくのである。

ハコベ

繁縷《はこべ》　ナデシコ科

七草ハコベの七つの秘密

せり　なづな　ごぎょう　はこべら　ほとけのざ　すずな　すずしろ　これぞ七草

左大臣・四辻善成《よつつじよしなり》の歌で有名な春の七草である。ここで詠まれた「はこべら」は道端や畑でよく見かけるハコベのことである。

七草以外にも「七」にまつわる言葉は多い。七不思議、七つ道具、七転び八起き、なくて七癖。七つの子や七人の小人、七匹の子ヤギ、七人の侍なんてのもある。ラッキー7《セブン》にあやかって、ここではハコベの七つの秘密をあげてみることにしよう。

「はこべら」の語源は「はびこる」だという説もあるくらいハコベはよく増える。ハコベは漢字では「繁縷《はこべ》」。これもよく繁るという意味である。ハコベの七つの秘密。その一つ目は生長のしかたにある。

植物の生長には、茎の先端に花が咲いて、茎の生長が止まってしまう有限生長と、花が茎の途中に咲き、花が咲いた後も茎を伸ばしていく無限生長とがある。ハコベは有限生長なので、花が終わるとそこで生長が止まってしまう。ところが、ハコベは先端に花をつけると花の下から両側に二本の分枝を出して伸びていく。この分枝が伸びてふたたび先端に花をつけると、またその下側から二本の分枝を出す。こうしてハコベはつぎつぎに分枝を出しながら倍々に枝の数を増やしていく。

二番目の秘密も茎にある。茎の片側には細かい毛が根元方向に向かって無数に生えている。むだ毛の処理に苦労している方もいるだろうが、本来、人間の毛には体を保護する重要な役割がある。もちろん、ハコベの毛もむだ毛ではなく重要な役割を担っている。ハコベが繁る冬場は雨が少ない。そこでこの細かい毛が繁った植物体についた水滴を根元に運ぶのである。限られた水分を巧みに利用しているから、ハコベは冬でも青々とみずみずしいのだ。

茎にはもう一つ秘密がある。茎をそっとちぎってひっぱると筋があらわれる。強すぎる茎は踏まれると折れてしまう。かといって、やわらかいだけの茎はちぎれやすい。やわらかい葉のなかにかたい筋を併せ持つことで、踏みつけに対して強さを発揮する。この茎の構造が三番目の秘密である。

四番目の秘密は花にある。ハコベの花びらを数えてみると十枚あるように見える。しかし、実際にはその半分の五枚しかない。これは一枚の花びらが根元でウサギの耳のよ

23　ハコベ

うに二つに分かれて、あたかも二枚あるかのように見せているのだ。花が咲くのは虫を呼び、花粉を運んでもらうためである。虫に気づいてもらうためには目立つことが必要だ。だから、花びらの数を二倍に見せているのである。

とはいえ、虫が訪れないこともある。受粉することなく花がついにその寿命を終わるときに奥の手がある。夕方、花が閉じるときに、雄しべが中央の雌しべに集まって、花粉を自分の雌しべにつけてしまう。こうして虫がいなくても受粉して種子を残してしまうのである。これが五番目の秘密である。虫が来ない雨の日には、花が閉じたまま自家受粉してしまうことさえある。

花が咲き終わった後には六番目の秘密がある。ハコベの花が咲くときは、虫に目立つように上向きだが、花が咲き終わると下向きに垂れ下がる。これは種子が熟すまでの間、風雨を避けるためである。さらに咲き終わった花が下を向くことで、まだ受粉していない他の花を目立たせて、虫に効率よく受粉させる効果もある。下を向いた花は、やがて種子を落とすころになると、少しでも種子を遠くへ散布するためにふたたび茎を持ち上げて上向きになる。植物には動かないイメージがあるが、ハコベはこれだけダイナミックな上下運動を人知れず行なっているのである。

最後の七番目の秘密は種子にある。種子を虫眼鏡でよく見ると、表面には突起がいっぱいついていることに気がつくだろう。この突起が土に食い込むので、ハコベの種子は土と一緒に靴の裏などについて遠くへ運ばれていくのである。オナモミやセンダングサの種子のような衣服につく「ひっつき虫」には気がつく人も多いだろうが、まさか靴底でハコベの種子を運んでいるとは思いもよらないだろう。

道端や畑など、ハコベはどこにでも生えているありふれた雑草である。この小さな花に目を向ける人は少ない。しかし、そんなありふれた雑草であっても、これだけの工夫に満ちた秘密を巧みに使いながら生きているのだ。

ハコベの学名「ステラリア」は、星（スター）に由来する。ハコベの小さな花を星に見立てたのである。豪華絢爛な花がたくさんあるなかで、古人は野に咲くこの小さな花をスターと名づけた。

人も雑草も本当に偉大なスターは、ごく身近に存在するものなのだろう。

26

ホトケノザ

仏《ほとけ》の座《ざ》　シソ科

口から生まれた世渡り上手

可憐なランの花の美しさに心惹かれる人は多いだろう。あの洗練された花の形は、ハチを呼び寄せるために進化してできた芸術品である。

しかし、道端にもランに負けない花を咲かせている雑草がある。ホトケノザである。

ホトケノザはランの仲間ではなくシソ科の雑草であるが、虫眼鏡でよく見るとランを思わせるほど可憐で美しい花を咲かせているのだ。

花は上唇《うわくちびる》と下唇《したくちびる》を開いた口のような形をしている。舌を出した口をデザインしたおなじみのローリング・ストーンズのロゴマークを思い浮かべてもらえればいいだろう。

この花は唇に似ているので植物学的にも唇形花と呼ばれている。春の陽だまり一面に咲くホトケノザはまるでその唇でおしゃべりでも楽しんでいるかのようなにぎやかな感じがする。ホトケノザはこの魅惑の唇でハチを呼び寄せている。

下唇《かしん》には目を引く美しい模様が描かれている。この模様が空中を飛ぶハチへの標識になっている。さらにこの下唇は少し広くなっていてハチの着陸場所としてヘリポートの

27　ホトケノザ

ような機能も持っている。標識を見つけたハチはこの模様を目がけて着陸するのである。

下唇に着陸すると、上の花びらには花の奥へ向かっていくつもの線が引かれている。これがガイドラインと呼ばれるもので、ちょうど着陸した飛行機を誘導するラインのように、ハチを蜜のある場所へ導く道標の役割をしているのだ。そして、ハチを花の一番深いところへと導いていくのである。世の中には口のうまい人がいるが、ホトケノザもたとえれば巧みなリップサービスでハチを誘い込む。

花は細長く、なかへ入るほど細くなっていく。こうしてハチが花のなかを進んでいくと上唇の下に隠れていた雄しべ《じょうしん》が静かに下がってくる。そして、蜜探しに夢中なハチの背中に花粉をつけるのである。

気づかれないように、そっと人の背中に「バカ」と書いた紙を貼るいたずらがあるが、それと同じようなものだろうか。しかも、ハチは背中まで足が届かないので、たとえ気がついたとしても自分ではその花粉を取ることができない。

しかし、ハチをとりこにして止まないホトケノザの魅惑の唇も、当のハチがいなければ何の価値もない。ハチが少なくなる夏になると、ホトケノザはその口をかたく閉ざしてしまう。そして葉の付け根に目立たない閉鎖花をつけるのだ。閉鎖花は開くことなく、つぼみのままで、自分の花粉で受粉して実を結んでしまう。無駄口は叩かないということなのだろうか。あれだけ饒舌なホトケノザさえ、口を開くべき時期と、口を閉じるべき時期をわきまえているのである。

ところで、ホトケノザの名は花を囲む葉の形が仏さまの蓮座に似ていることに由来している。

せり　なづな　ごぎょう　はこべら　ほとけのざ　すずな　すずしろ　これぞ七草

この有名な春の七草に歌われる「ほとけのざ」は、実はここで紹介したホトケノザではない。七草の「ほとけのざ」は図鑑ではキク科の「コオニタビラコ（小鬼田平子《こおにたびらこ》）」とされているまったく別の植物なのである。コオニタビラコは、地面に広げたロゼット葉が仏さまの蓮座に似ていることから、もともとは「ほとけのざ」と呼ばれていた。

ところが、ホトケノザの口のうまさが一枚上手だったのか、有名な春の七草として歌われていた「ほとけのざ」の座を見事に奪い取ってしまった。そして区別するために、七草の「ほとけのざ」は、正式には「コオニタビラコ」の名が与えられ、仏どころかついには「小鬼」呼ばわりされるようになってしまったのである。仏心とは縁どおい厳しい敗者への仕打ちといえようか。

スズメノテッポウ

雀《すずめ》の鉄砲《てっぽう》　イネ科

異能集団は逆境に強い

穂を抜いた茎で笛を作ることから、「ピーピー草」とも呼ばれるスズメノテッポウは、早春の田んぼや畑に見られる代表的な雑草である。ところが、同じスズメノテッポウでも田んぼに生える「水田型」と畑に生える「畑地型」とは違った性質を持っていることが知られている。その主な違いは種子の大きさと生殖の方法である。

大きい種子と小さい種子には、それぞれメリット、デメリットがある。大きい種子は栄養分をたくさん蓄えているので、発芽の力が強く生存競争に有利である。しかし、種子生産に費やすことのできるエネルギー量は限られているから、大きい種子を残そうとすれば、生産される種子の数は少なくなる。逆に種子のサイズを小さくすれば、たくさんの種子を残すことができるが、発芽の力が弱く生存率も低くなる。

生殖の方法についても二つあり、それぞれメリット、デメリットがある。自分の花粉を自分の雌しべにつけて種子を作る自家受粉と、他の花の花粉をつけて種子を作る他家受粉である。自家受粉は自己完結で種子を残せるので、仲間がいなくても確実に種子を

【水田型】
【畑地型】

残すことができる。ただし、種子はすべて親の遺伝子を引き継ぐので、親の持っている範囲の能力しか残すことができない。遺伝的な多様性が低くなってしまうのである。その点、他家受粉は他の個体と交わるのでさまざまな遺伝子の組み合わせができ、親とは異なる能力を持った種子ができる。しかし相手がいなければ受精することができない。受粉効率も低いので花粉の量もよけいに用意する必要も出てくる。

少しの大きい種子か、たくさんの小さい種子か。相手がいなくても確実に種子が残せる自家受粉か、さまざまな子孫を残せる他家受粉か。すべての植物はこの大きなジレンマを抱えている。どちらが有利かは状況によって変わるので、植物はそれぞれが最適と思う種子のサイズや自家受粉と他家受粉のバランスを決めている。

興味深いことに、同じスズメノテッポウでも「水田型」と「畑地型」とはそれぞれ異なる選択肢を選んでいる。水田型は「大きい種子・自家受粉」を、畑地型は「小さい種子・他家受粉」を採用しているのである。

畑は田んぼと違ってさまざまな作物を作るので、いつ耕されるかは決まっていない。畑地型のスズメノテッポウはいつ耕されてもおかしくないという過酷な状況のもとで毎日を過ごしている。こういう条件下では、とても手間をかけて他家受粉している余裕がないように思う。リスクも大きい。しかし、厳しい環境だからこそさまざまなタイプの子孫を残しておく必要があるということなのだろう。変化が激しい畑では、自分と同じタイプがつぎの時代で成功するとは限らない。予測不能な状況であればあるほど、多様性のある集団のほうが生き残る可能性が高い。だから、種子をできるだけたくさん残すことを優先し、たとえ小さくともバラエティに富んだ後継者を送り出したほうが有利なのである。

一方、稲作を行なう田んぼは、農作業の時期はおおよそ決まっている。そのため、水田型のスズメノテッポウはその複雑な農事暦に適応した専門家集団として発達した。そして、さらに自家受粉によってその「技」を頑固に引き継いでいったのである。一子相伝ではないが、大きく充実した少しの種子を残し、自分の能力を確実に後世に伝えてきたのだ。

ところがである。水田型のスズメノテッポウに不慮の事態が起こっている。時代は変わり、昔に比べて稲刈りの時期が大幅に早まってしまった。そのため、水を落とす稲刈り時期に合わせて発芽するスズメノテッポウの生育は早まり、本来ならば春に穂を出すはずだったのが、冬になる前に穂を出して寒さで枯れてしまう事態になってしまったのである。これまで築き上げてきた水田型スズメノテッポウの成功マニュアルが時代に合わなくなってしまったのだ。皮肉なことに、水田型のスズメノテッポウはさまざまなタイプの子孫を残してこなかったので、いまだにこの難局を打開する改革者は誕生していない。頑固な専門家集団は、今、時代のうねりにさらされているのである。

カラスノエンドウ

ビジネスライクが引き起こしたしっぺ返し

烏野豌豆《からすのえんどう》　マメ科

漫画の主人公キューティーハニーは空中元素固定装置を組み込まれたアンドロイド（人造人間）である。大気中の元素からあらゆるものを作り出すことができるこの空中元素固定装置によって、キューティーハニーは大気中の元素から瞬時に衣服を作り出して変身することができる。お色気たっぷりの変身シーンに心躍らせた淡い思い出を持つ男性も少なくないだろう。

大気中でもっとも多い元素は約八割をも占める窒素である。窒素はアミノ酸や蛋白質の原料となる重要な元素である。この豊富な窒素を大気中から取り出して自由に使うことができたらどんなにすばらしいだろう。

カラスノエンドウは、この夢を実現している。カラスノエンドウの根には粒状のものがついているが、その中には根粒菌という菌がすんでいるのである。根粒菌は大気中の窒素を取り込むことができる。カラスノエンドウは根のなかでこの窒素をもらうことができるので、やせた土地でも生育することができるのだ。一方の根粒菌は酸素が苦手なのでカラスノエンドウの根に守ってもらっている。そして光合成によって作られた栄養分をもらって暮らしているのだ。持ちつ持たれつのこの関係は共生関係と呼ばれている。

カラスノエンドウ以外にもマメ科の植物の多くは根粒菌と共生関係にある。スーパーで売られている枝豆の根もよく見ると根粒がついているし、春の田んぼを彩るレンゲも空気中の窒素を肥料にするために播かれているのだ。

カラスノエンドウには、根粒菌のほかにも重要なパートナーがいる。

その一つはハナバチである。カラスノエンドウの花は上の花びらがピンと立ちあがっている。旗弁とよばれるこの花びらは、その名のとおり虫に蜜のありかを知らせる目印になっている。ハナバチがやってきて足で下の花びらを押し下げると、中から雄しべと雌しべがあらわれる。そして、花の奥にある蜜を報酬とする代わりにハナバチのお腹に花粉をつけて運んでもらうのである。

もう一つのパートナーはアリである。カラスノエンドウの葉の付け根には黒い斑点があるが、これは蜜を出す蜜腺である。蜜は虫を呼び寄せるために花のなかに用意されているのがふつうである。ところがカラスノエンドウはアリを呼び寄せるために葉の付け根から蜜を出しているのだ。アリは甘い蜜をもとめてカラスノエンドウへとつぎつぎにやってくる。このアリが、カラスノエンドウの茎や葉を食べようとする害虫を追い払っ

37　カラスノエンドウ

てくれるのである。アリは蜜をもらった代償に用心棒を買って出たわけではない。アリはただ甘い蜜を吸える蜜腺を守ろうとしているだけである。しかし、結果的にはアリによってカラスノエンドウはみごとに守られている。完全にビジネスライクな関係である。

ところが、この用心棒を寝返らせる害虫があらわれた。アブラムシである。アブラムシは「アリの牧場」を語源とするアリマキの別名を持つほど、アリとは切っても切れない仲にある。アブラムシはお尻から甘い蜜を出す。アリはその蜜をもらう代わりにアブラムシを天敵から守るのである。しかも、このアブラムシの甘い蜜は元はといえばカラスノエンドウから奪ったものである。カラスノエンドウの葉でできた糖分は茎の中の師管を通って各器官へ送られる。アブラムシはこの師管から栄養分を吸っているのだが、師管を通る液は、糖分が多いので体外へ排出する必要がある。この排出した糖分がアリへの報酬となっているのである。アブラムシにとっては一石二鳥のうまみのある話だ。アブラムシはカラスノエンドウからせっせと養分を吸い取ってしまう。しかし、頼りのアリはアブラムシの虜となって役に立たない。ましてやその報酬が横取りされた糖ではやりきれない。

まさに報酬がものをいう。ビジネスライクなパートナーシップというのは厳しいものである。

39　カラスノエンドウ

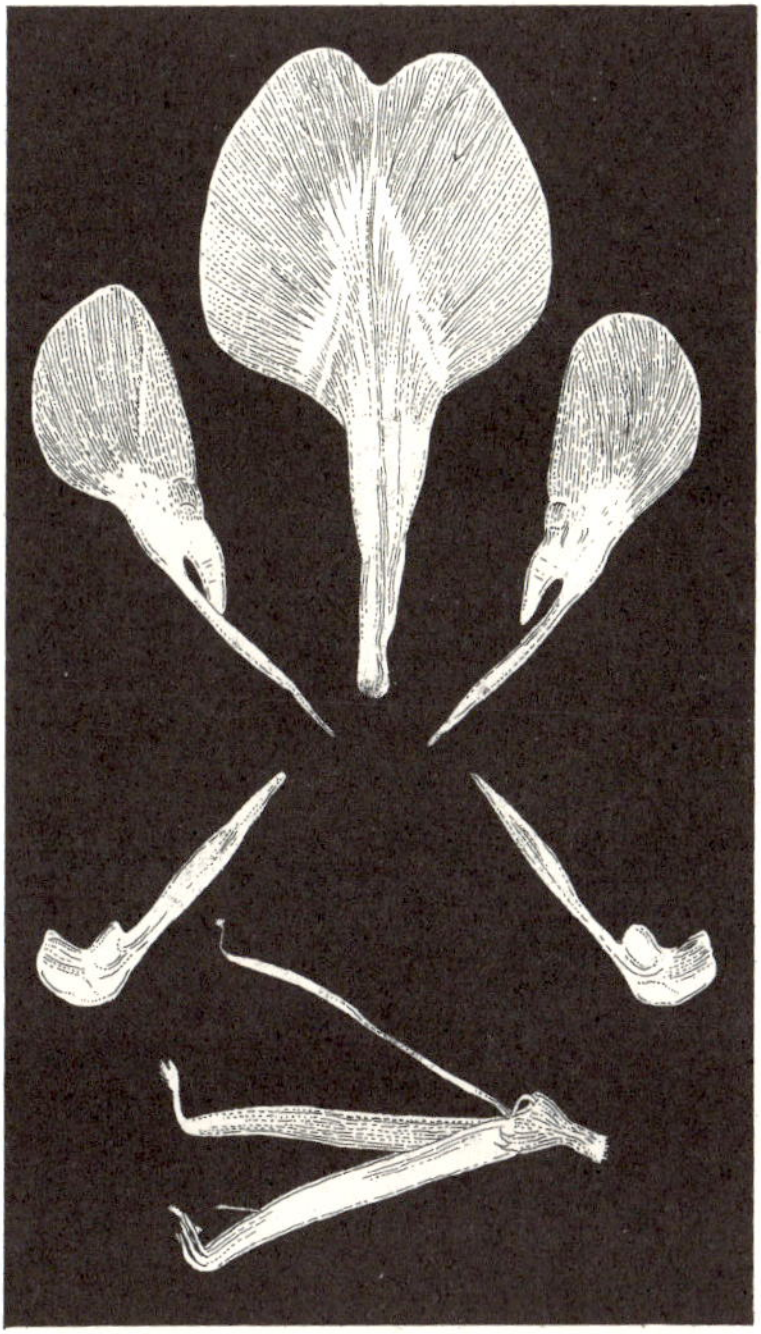

40

スギナ
杉菜《すぎな》　トクサ科

地獄の底からよみがえった雑草

「すぎな」という名前より、春の風物詩として親しまれている「つくし」のほうをよくご存じの方が多いのではなかろうか。かわいらしい姿のツクシは子どもたちに人気がある。ツクシ摘みを楽しんだ昔をなつかしく思い出される方もいるだろう。また、ツクシは野草料理の材料としてあまりにも有名である。特有の苦みは大人たちには春の情緒を感じさせてくれる。年齢、性別を問わず、ツクシは誰からも愛されるが、スギナは畑の雑草として忌み嫌われている。

しかし、「つくし誰の子、すぎなの子」と歌われるように、スギナとツクシはもちろん同一の植物である。ただし、ツクシはスギナの子どもではない。スギナは他の多くの雑草と異なり、シダ植物なので胞子で増える。ツクシはこの胞子を作る胞子茎であり、ふつうの植物では花に相当する器官である。

ツクシの穂には、約二百万個もの微細な胞子が入っているといわれる。六角形の詰まった幾何学模様のツクシの穂が開くと、胞子が飛ぶ時期である。胞子は乾燥すると四本

41　スギナ

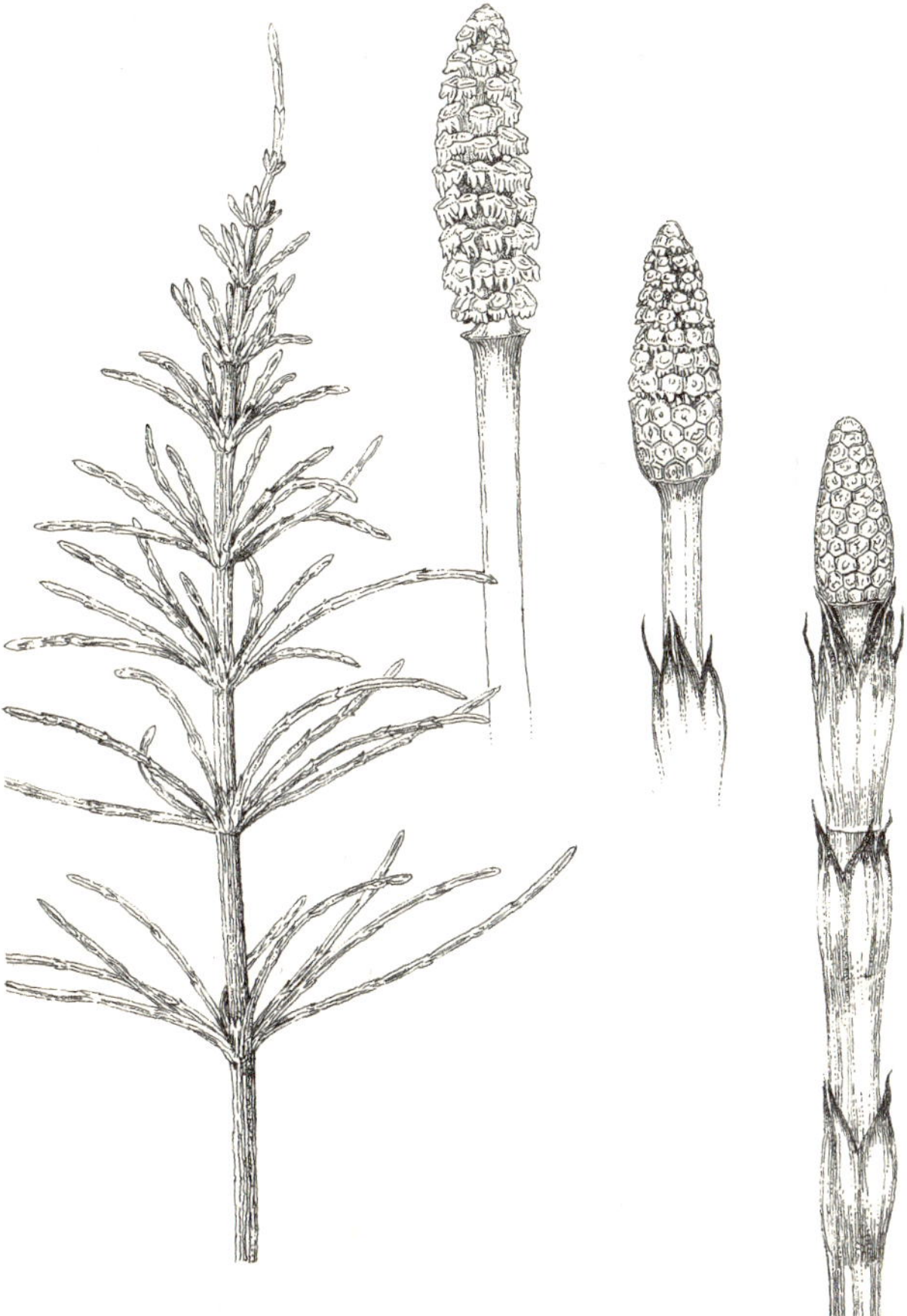

の糸を四方に伸ばす。この糸によって胞子は風に乗り、飛び立っていくのである。

スギナは原始的な植物であるため、茎と葉とがはっきり分化していない。葉のように見える細く分かれた枝は茎と同じ構造をしている。スギナやツクシを節《ふし》の部分で抜いて、元の位置に刺して「どこどこ継いだ？」と当てっこをする遊びがある。スギナの名はこの「継ぎ菜」に由来するともいわれている。本当はこの節のところにあるはかま（袴）こそが葉に相当する部分である。

スギナの仲間はおよそ三億年前の石炭紀に大繁栄し、一世を風靡した。当時はスギナに似た高さ数十メートルにもなる巨大な植物が、地上に密生して深い森を作っていたのである。この大森林を築いたスギナの祖先たちが長い年月を経て石炭となり、近代になって人間社会にエネルギー革命をもたらしたのだ。

大繁栄したスギナの祖先たちだが、長い時間の流れのなかで多くが絶滅してしまった。寒冷や乾燥など、地球に起こった大きな変化に対応できなかったのである。しかし生き残ったスギナは、現代でももっとも嫌われる代表的な畑の雑草として活躍している。一族の末裔であるスギナは、まさに先祖の誇りにかけて現代を生き抜いているともいえよう。

何度となく絶滅の危機を乗り越えたスギナは、今も危機管理を怠らない。その秘密が

43　スギナ

地下のシェルターである。地上にはわずか数十センチ程度の茎を伸ばすだけだが、用心深く、地下に根茎を張り巡らしているのである。この根茎は地中深くまで縦横無尽に張り巡らされ、文字どおり暗躍をする。取っても取っても畑のあちらこちらからつぎつぎに芽を出してくるのだ。

かつて原子爆弾を落とされ、すべてを失った広島で、真っ先に緑を取り戻したのがこのスギナだったという。地中深く伸びていた根茎がシェルターのように熱線を免れたのだろう。緑が戻るのに五十年はかかるといわれた死の大地に芽を吹いたスギナは、どれだけ人々の心を勇気づけたことだろう。

スギナの根茎は地の底まで伸びて閻魔《えんま》大王《だいおう》の囲炉裏の自在鉤になっているともいわれている。それくらい深いのだ。

しかし、見方を変えればそれだけ防除が困難な雑草ともいえる。除草剤で地上を枯らしたぐらいではびくともしない。地の底から何度でも復活してくる。多くの仲間が絶滅してしまった今、ふたたび地上に楽園を築こうとスギナが一人で気を吐いているのだ。

雑草とはいえ、これが一度、地獄を見た者の強さなのだろうか。

ナズナ

薺《なずな》　アブラナ科

だらだらと生き残れ

だらだらとした長い会議は嫌われる。しかし、会議がだらだらと長いのにもそれなりの理由はある。参加者を拘束して抜け駆けできない状況を作ることも大事な役割の一つだ。昔の地域の寄り合いなどはその典型だろう。さらには長時間、苦痛をともにした参加者のあいだには連帯感さえ期待できるかもしれない。

雑草の発生時期もだらだらと長くて人に嫌われるが、もちろんこれにも重要な役割がある。発芽に適した条件だからといって、すべての種子が一斉に発芽してしまったらどうなるだろう。何か災害が起こるとその集団は全滅してしまうことになる。だから雑草は、発芽の時期をずらしながら危険分散を図っているのである。

ぺんぺん草の名で親しまれる畑の雑草ナズナも、このだらだら発芽を得意としている。畑は耕されたり、除草剤をまかれたり、明日、何が起こるかもわからない予測不能な環境である。どんなに順調に生育していても明日の命の保証はないのだ。だから、ナズナは春ばかりでなく、夏でも秋でもつぎからつぎへと切れ目なく芽を出してくる。

いくらでも発生してくるということは、地面の下にはそれだけの数の予備軍がいるということでもある。地上にあらわれるナズナは氷山の一角にすぎないのだ。

地面の下には膨大な量の種子が眠りながらチャンスをうかがっている。この地面の下にある種子の集団は、「シードバンク」と呼ばれている。その名のとおり種子《シード》の銀行だ。豊富な種子を生かして人海戦術の波状攻撃をしかけるナズナ軍団は、この銀行から少しずつ戦力を補充するが、その戦力の全貌を決して見せない。本当の実力は目に見えない土の中にあるのである。

ナズナは春の七草の一つとしても知られている。七草摘みのころ、ナズナは放射状に重ねた葉を地面に張りつかせた「ロゼット」と呼ばれるスタイルで冬を越している。ロゼットは地面に葉をつけて地上を吹く寒風をやり過ごすことができる。しかし、ロゼットは冬に耐えているだけではない。葉をしっかりと広げているので冬の間も光合成を行なうことができる。そして作られた栄養分は来たるべき春に備えてせっせと根っこに蓄えられる。

冬越しなら、種子のまま土の中にいるほうがリスクが少ない。しかし、暖かくなってから芽を出したのでは、すぐに花を咲かせることはできない。冬の間も地上に葉を広げているからこそ、春になった途端、一気に生長して花を咲かせることができる。ロゼッ

47　ナズナ

トは守りではなく、攻めのスタイルなのである。

「先んずれば人を制す」の諺どおり、ライバルの少ない時期にいち早く咲かせることができれば、花を求める虫を独占することができる。そう考えると、ナズナにとって冬は決して逆境ではない。ライバルたちよりアドバンテージを得るためのチャンスなのである。

「七草なずな、唐土《とうど》の鳥が渡らぬうちに」と歌われるようにナズナの入った正月七日の七草粥は、疲れた胃腸を休めるとともに、栄養の不足しがちな冬期のビタミン補給の役割を果たしたといわれているが、それだけではない。厳しい寒さのなかでもしっかりと緑を保つ生命力が邪気を払うと信じられていた。だから七草を食べると、一年間を無病息災で過ごせるといわれているのだ。ナズナをはじめとした七草の強さと知恵にあやかろうということなのだろう。

七草粥は香りのよいセリの印象が強いが、味がよいのはナズナだといわれる。さらに寒さに耐えて生長したナズナの葉は、細胞分裂を促進するプリン誘導体の形成が悪いために、葉が深く切れ込んでしまうのだが、このほうがおいしいと評価されている。寒さを経験しているほうが味があるというのも何だか示唆的である。

49　ナズナ

タンポポ――ついに勃発したクローン戦争

蒲公英《たんぽぽ》　キク科

タンポポには大きく分けて二つのグループがある。一つはカントウタンポポやカンサイタンポポに代表される日本にもともとある在来タンポポ。もう一つはセイヨウタンポポやアカミタンポポなど明治以降に外国からやってきた外来タンポポである。在来のタンポポと外来のタンポポは花の下側にある総包片《そうほうへん》で簡単に見分けられる。外来タンポポは総包片が反り返るが、在来のタンポポは総包片が反り返らない。この違いから在来タンポポと外来タンポポの分布を調べるタンポポ調査が各地で行なわれている。

在来タンポポと外来タンポポとは激しく勢力圏を争っている。俗に「タンポポ戦争」と呼ばれているほどだ。それでは、在来タンポポと外来タンポポ、両者の戦力分析をしてみよう。

花の咲く時期はどうだろう。在来のタンポポは春しか花を咲かせることができないが、外来のタンポポは一年中いつでも花を咲かせることができる。何度でも花を咲かせ、種子を作ることが可能なのだ。

種子の生産数はどうだろう。在来のタンポポは花も小さく種子の数も少ないのに比べると、外来のタンポポは花が大きく、生産される種子の数が多い。さらに外来タンポポのほうが、種子が小さく軽いのでより遠くまで飛ぶことができる。

さらに外来タンポポはふつうの種子ではなく、クローン遺伝子によって種子を作る能力を身につけている。クローンで増えるということは、受粉する相手がいなくても一株あればどんどん増えることができることになる。これは新天地に勢力を拡大していくうえで、きわめて有利な性質だ。

戦力分析の結果は、どれをとっても外来タンポポのほうが優勢である。

タンポポ調査を行なうと、一般に外来タンポポは都市部に多く、勢力を拡大している。一方の在来タンポポは郊外や田園部に見られ、その分布は減少しつつある。いかにも、外来タンポポが市街地を制圧し、追いやられた在来タンポポが郊外へと落ち延びているようにも見えるが、実はそうではない。そもそも在来タンポポと外来タンポポが戦っているという表現が正しくない。在来のタンポポを郊外へ押しやっている要因、それは人間による環境破壊が主なものなのである。

種子の小さな外来タンポポは、他の植物との生存競争には決して強くない。昔からある在来の植物がしっかり生えていれば外来の植物は太刀打ちできず、簡単には生存できないのである。しかし、都市部ではもともとあった自然が破壊されている。ライバルのいない空き地ができて外来タンポポは初めて生存の場所を確保できたのである。そうなれば外来タンポポは強い。一個体あれば種子を生産し、もはや在来タンポポがいなくなった土地に広がっていったのだ。

外来タンポポが広がっているということは、見方を変えれば、人間によって環境破壊された面積が広がっているということに過ぎないのだ。外来タンポポが在来タンポポを駆逐しているというのはまったくの濡れ衣なのである。そのうえ、そう騒ぎ立てているのも人間なのだから質《たち》が悪い。

【在来タンポポ】

タンポポが人間にとっていつまでも身近な花であり続けるために、外来タンポポはそう願いながら、自然が破壊された都市部で懸命に在来タンポポの代役を務めているのかもしれない。もし、外来タンポポがなかったとしたら、私たちの身のまわりはずいぶん殺風景なものになってしまわないだろうか。

お礼をいわれてもいいくらいなのに、さんざん悪者扱いされた外来タンポポは、それならばと本気で勢力拡大に乗り出した。最近になって、本来は在来タンポポの勢力圏であるはずの場所で、外見からは外来タンポポと判断される個体が増加しつつあるのである。

ホラー映画「パラサイト・イヴ」では

【外来タンポポ】

人間の細胞内に共生するミトコンドリアが反乱を起こし、自らの遺伝子を組み込んで宿主である人間を乗っ取ってしまう。同じように外来タンポポも遺伝子レベルで在来タンポポに侵入する作戦に出たのである。

外来タンポポの花粉を在来タンポポに授粉して、雑種を作ると二分の一が外来タンポポの遺伝子となる。その雑種にさらに外来タンポポの花粉を授粉すれば四分の三。こうしてだんだんと血を濃くしながら在来タンポポの体を汚染していくのである。雑種はクローンの種子を作って増殖しながら、一方で、さらに在来タンポポと交雑していく。

不公平なことに、外来タンポポはクローン種子で増えるので、もともとの純血の個体は減ることなくしっかりと残っていく。一方の在来タンポポはたまらない。種子を作るためにはどうしても他の個体と交雑しなければならないから、雑種化する可能性がしだいに高くなっていくのだ。

外来タンポポはこうして在来タンポポを雑種化し、純血の在来タンポポを減少させていく。郊外で外来タンポポが増えたように見えたのは、雑種になって在来タンポポの遺伝子をうまく取り入れていったからである。

「まわりに大勢いたはずの仲間は、知らぬ間にみんなエイリアンに乗り移られていた」

在来タンポポは今、そんなSF小説顔負けの恐怖のなかにあるのである。

ハルシオン

移住者の数奇な運命

春紫苑《はるしおん》　キク科

アフリカから強制的に新大陸へ連れて来られ、かつては奴隷として使われた黒人たち。その苦難の歴史は筆舌に尽くしがたい。しかし、差別と戦いながらも今や多民族国家の構成員として、しっかりとその地位を占めている。とくにスポーツや音楽などの分野に秀でた彼らの活躍には、誰もが賞賛の拍手を惜しまないだろう。

外国から日本へやってきた植物を外来植物、あるいは帰化植物という。国境を越えた人の移動や物流が盛んになるにつれて、紛れ込んで移動する植物も多くなってきている。しかし、人間の意図によって強制的に連れて来られた植物もある。多くの珍しい植物が園芸用に外国から導入されるのもその一例だ。しかしなかには飽きっぽい人間の都合で、放置されたり、管理されすぎた花壇を嫌って逃げ出したりして、雑草化するものもある。これらが「エスケープ雑草」と呼ばれている植物である。

ハルシオンもそんなエスケープ雑草の一つで、大正時代に園芸用植物としてアメリカから日本に導入された。「ピンク・フリーベイン」、このモダンな名前がハルシオンの昔の名前である。当時は花屋の店先を美しく飾ったことだろう。しかし、そんな華やかな生活は長くは続かなかった。花屋にはつぎつぎに目新しい花々があふれるようになり、ハルシオンはいつしか見捨てられてしまったのである。

「ハルジョオン・ヒメジョオン」というユーミンの歌のタイトルにもあるように、ハルジョオンとかハルジオンと呼ぶ人も多いが、正式な名前はハルシオンである。ドラッグと同じ名前なので抵抗のある方もいるかもしれないが、春に咲く紫苑《しおん》＝「春紫苑《はるしおん》」の意味である。ちなみに、ハルシオンによく似たヒメジョオンは「姫女苑《ひめじよおん》」である。

ところが、花屋を追い出されたハルシオンにつけられた別名は「貧乏草」だった。落ちぶれた家の庭に生えると噂され、人々からはまるで貧乏神のように忌み嫌われたのである。落ちぶれた家は「屋根にぺんぺん草が生える」といわれる。しかし、ぺんぺん草の異名を持つナズナが屋根に生えることはほとんどあり得ない。このぺんぺん草の正体は、風で屋根まで種子を運ぶことができるキク科の雑草だろうと考えられている。ハルシオンもぺんぺん草の一つとして崩れかけた屋根で暮らしたこともあったろう。

しかし今、テレビなどではハルシオンの花は季節の風物詩として紹介されるようになった。時には美しい自然の風景として紹介されることもある。ハルシオンの学名は「フィラデルフィカス」。その名のとおり、もともとは北米・フィラデルフィアの大地に咲

く野の花だったのだ。数奇な運命にもてあそばれたハルシオンは、長い苦渋の時を克服して今や野草としての地位を確立したのである。

しかし、物語はまだ終わらない。樹園地に勢力を広げるハルシオンは害のある雑草として迫害を受けることとなった。除草剤による駆逐が始まったのである。それでもハルシオンは負けなかった。驚くことに厳しい除草剤の攻撃と戦い続けるうちに、ついには除草剤をかけても生き残るミュータント（突然変異体）があらわれたのである。農薬に対する抵抗性は、昆虫では広く見られるが、昆虫ほど世代更新が早くない植物では発達しないだろうというのが定説だった。ところが追いつめられたハルシオンは定説をくつがえし、ついに禁断のミュータントを誕生させたのである。除草剤抵抗性タイプによる人間への抵抗は今、ハルシオンのみならず他の雑草にも広がりつつある。大正、昭和、平成の三つの時代を生き抜いてきたハルシオンの激動の歴史はこれからも続くことだろう。

植物に限らず、外国から連れて来られた外来生物は、もともと日本にあった生態系を壊すために忌み嫌われている。しかし、彼らに罪はない。彼らは無理やり連れて来られた見ず知らずの土地で、懸命に生存の道を探っているに過ぎないのだ。生態系を壊す悪者は決して彼らではない。被害者ヅラをしている私たち人間こそが生態系を壊している元凶なのである。ハルシオンのサクセス・ストーリーを誰が責められようか。

オドリコソウ

――芸を盗んだ踊り子の誤算

踊子草《おどりこそう》　シソ科

　野外で危険な植物にイラクサ（刺草《いらくさ》）がある。イラクサの茎や葉には細かな刺毛《しもう》が密生している。バラのようにトゲで身を守る植物はほかにもあるが、イラクサが持っているのはただのトゲではない。トゲの根元には毒を含んだ小さな袋が備えられていて、皮膚に刺さるとトゲの先端がはずれ、注射針のように傷口に毒を注入する。

　ただ刺すだけでなく、袋から毒を注入するという高度なしくみは、スズメバチの毒針やマムシのキバとまったく同じである。イラクサは植物でありながら、生物界で最高レベルの防御システムを持っているのだ。野生動物も、このイラクサだけは食べるどころか近寄ることさえできない。もちろん人間にも害があり、刺毛に刺されると赤く腫れ上がってしまう。イラクサは漢名を「蕁麻《じんま》」という。そう、アレルギー発疹である蕁麻疹《じんましん》の由来となったほどの有害植物なのだ。

　オドリコソウはこのイラクサに似た形の葉を持っている。それればかりか、イラクサの刺毛に似せたちぢれ毛さえ生やしている。とはいってもイラクサがイラクサ科に分類されるのに対して、オドリコソウはまったく別のシソ科の植物である。イラクサの複雑な防御システムは簡単には真似ができないが、外見だけなら何とか真似できる。そこで、オドリコソウは毒針を持つイラクサの葉に似せることによって、動物から身を守ることを考えたのである。もちろん、オドリコソウの葉にトゲはないので触ってもまったく害はない。まさに「虎の威を借る狐」である。

しかし、イラクサとオドリコソウとはもともとまったく違う種類の植物なので、花が咲けば似ても似つかない。イラクサの花は花びらもなくほとんど目立たないのに対して、オドリコソウはよく目立つ美しい花を咲かせる。その花の形が編笠をかぶった踊り子がぐるりと輪になって踊っているように見えるので、オドリコソウと名づけられたのだ。

こんなにも美しい花を咲かせるのは、花粉を運んでもらう虫を呼び寄せるためである。それだけではない。オドリコソウは、美しい花にくわえて甘い蜜をたっぷりと用意した。もちろん、どんな虫にも蜜を分け与えるわけにはいかない。花粉を効率よく運んでくれるハナバチだけに、正当な報酬として与えたいのだ。そのためオドリコソウは、蜜を花の筒の奥深くに隠した。花の編笠に見えるところの、ちょうど下の部分に花の中への入口がある。この花の入口はちょうどハナバチの体が通るだけの大きさになっていて、大型のハチや羽の大きなチョウが入ることを拒むのである。これで完璧なはずだった。

61　オドリコソウ

ところが、花に入ることのできない多くの虫たちが、豊富な甘い蜜をみすみす見逃すはずがない。オドリコソウに拒まれた大きなハチは、花の筒の横に穴を開けて蜜を盗み出してしまうことを考え出した。いわば強盗である。一度開けられた穴からは、おこぼれに与《あず》かろうと駆けつけた小さなハチやアリもつぎつぎに蜜を盗み出す。

意外なところに、もっと手強い敵もいた。それは人間の子どもである。かつてオドリコソウは子どもたちにとっておなじみの植物だった。子どもたちはオドリコソウの花をつぎつぎに摘んではおやつ代わりに蜜を吸ってしまうのである。たっぷり用意した甘い蜜が完全に裏目に出てしまったのだ。

イラクサに姿を似せることで身を守る術を発達させたオドリコソウであるが、花の奥に隠したはずの蜜にまでは思いが至らなかったということか。師と仰いだ頼みのイラクサは虫を呼び寄せる必要がない風媒花《ふうばいか》なので蜜を持たない。葉は守っても花を守る必要はないのだ。真似すべきモデルを見つけられないオドリコソウの蜜を守る有効な手だては、今のところなさそうである。

シロツメクサ

幸せは踏まれて育つ

白詰草《しろつめくさ》　マメ科

シロツメクサはクローバーの別名でおなじみである。子どものころ、原っぱに座り込んでクローバーの花の首飾りや冠を作って遊んだ女性の方も多いだろう。

宮沢賢治の童話『ポラーノの広場』では、夕暮れにシロツメクサの花のなかに見える番号を順番にたどっていくと「ポラーノの広場」に着くことができる。幻想的な物語を演出するシロツメクサの花をよく見ると、小さな花が集まって一つの花を形成している。その小さな花が下から順番に咲いていくので、一つの花のなかにこれから咲く花と咲いている花、咲き終わった花が混在しているのだ。咲き終わった花が垂れ下がってできる陰った部分には確かに数字が見えるようにも思える。心の美しい人はきっとその数字をたどっていくこともできるのだろう。

シロツメクサの花が小さな花を順番に咲かせていくのは、長い期間、花を目立たせるためである。一つの小さな花の寿命は短くても、これから咲くつぼみも、終わってしまった花も集まっているから、全体としては一つの大きな花が咲き続けているように見える。こうして花を目立たせてミツバチを呼び寄せるのだ。

ミツバチが花に止まり、後ろ足で花びらを押し下げると蜜のありかへの入口が開かれる。この花びらを押し下げることのできる力と、蜜を得るしくみを理解する知恵を持つ虫でなければ蜜にありつくことはできない。力の弱い小さなハチやアブは蜜を吸うことができないのだ。シロツメクサの出した難題をクリアできた者だけが蜜を飲むことを許されているのである。

結婚相手の条件に「高身長、高学歴、高収入」の三高を挙げる独身女性が多いといわれている。シロツメクサもハードルを高くすることによって、より優れたパートナーを選んでいるのである。

こうして得たパートナーには期待以上の効果もある。苦労して蜜を手に入れたパートナーは、むやみに浮気をしないのである。苦労してシロツメクサの蜜の入手法を覚えたミツバチは、同じしくみで手に入る蜜を独占したくなる。だから、シロツメクサの花ばかりをまわって蜜を集めるようになるのだ。シロツメクサにとって、これは非常に都合がいい。つぎからつぎへいろいろな種類の花をまわる浮気者では、シロツメクサどうしで花粉を受け渡すことが難しい。ところが、シロツメクサの花だけをまわってくれれば、それだけ受粉の効率がよくなるのである。

65　シロツメクサ

ミツバチをはじめとしたハナバチの仲間をパートナーに選ぶ花は多い。それらの花は、蜜のありかを巧みに隠して、ハナバチの力と知恵を試しているのだ。それらの花の多くは蜜のありかや操作部分に、ヒントになる目印をつけている。まるで記号のボタンを押すと餌が出てくるチンパンジーの学習機械のようなものだ。

ところで、シロツメクサは本来、三つ葉だが、ときどき四つ葉のものがある。これが幸せのシンボルとして有名な四つ葉のクローバーである。セント・パトリックがクローバーの三葉を愛・希望・信仰の三位一体にたとえ、四枚目を幸福と説いたことに由来する。四つ葉のクローバーを持っていると恋がかなうといわれているので、押し葉にして大切に持っている人もいるだろう。

この四つ葉のクローバーがあらわれる原因の一つは、生長点が傷つけられることにあるともいわれている。たしかに四つ葉のクローバーは道端や運動場など、よく踏まれるところで見つかりやすい。幸せのシンボルはお花畑のなかにはないのだ。三高にこだわる世の女性たちに、本当の幸せとは踏まれて育つことをシロツメクサは語りかけているのかもしれない。

スズメノカタビラ

雀《すずめ》の帷子《かたびら》　イネ科

国際派雑草の成功の秘訣

スズメノカタビラは「雀《すずめ》の帷子《かたびら》」である。現代では帷子がどんなものか知る人は少ないだろう。忍者の鎖かたびらを思い出す方もいるかもしれない。まさか雀の忍者軍団でもないだろう。ところが、これに対してスズメノテッポウという雑草もある。こちらは雀の鉄砲隊といったところか。しかもこの忍者軍団と鉄砲隊は、春の田んぼの覇権をめぐって激しく対立している。

春の田んぼをよく見ると、スズメノカタビラが一面に生えている田んぼと、それに対してスズメノテッポウが一面に生えている田んぼとに大別できるのだ。まさに天下分け目のいくさである。関ヶ原の戦いでどちらに味方するか山の上で思案していた小早川軍さながらに、畦道から戦況を眺めているのは槍部隊のスズメノヤリである。春の田んぼにこんな雀の合戦を夢想するのも楽しい。

実際には、帷子とは麻や生糸で作った裏地のない単衣《ひとえ》の着物のことである。小穂の部分が、袷《あわせ》の着物の片ひらに似ていることからそう名づけられた。この古風なイメージも

69　スズメノカタビラ

手伝ってスズメノカタビラは日本に古くからあるかのような顔をしてはびこっているが、実は北米原産のれっきとした外来雑草である。

スズメノカタビラは、道端や畑、田んぼ、公園など、ありとあらゆる場所に見られるごくありふれた雑草である。しかし、スズメノカタビラが活躍しているのは日本ばかりではない。世界狭しと各国を駆けめぐり仕事をする人をコスモポリタン（国際人）と呼ぶが、雑草でも世界中あらゆる場所に見られる種類は「コスモポリタン」と呼ばれている。スズメノカタビラは代表的なコスモポリタンの一つなのだ。海外旅行に出かければ、世界中でその姿を見ることができる。熱帯の国から極寒の地方まで、ありとあらゆる国で成功を収めているのである。まさに世界を舞台に大活躍である。

国際的に活躍するのに必要な能力は何か。堪能な語学力だろうか。キラリと光る国際的センスだろうか。自分の考えを貫き通す意志だろうか。悩めるジャパニーズ・ビジネスマンも少なくないだろう。参考までにコスモポリタン、スズメノカタビラの性格をあらわすエピソードを紹介しよう。

スズメノカタビラはゴルフ場の主要な雑草としても知られている。ゴルフ場には、グリーン、ティー、フェアウェイ、ラフなどの場所があり、それぞれ異なった芝の管理が行なわれている。それらの場所からスズメノカタビラを採ってきて育てると、驚くべきことに同じ条件で育てたにもかかわらず、生えていた場所によって穂をつける高さが違うのである。

グリーンから取ってきた株がもっとも低い位置に穂をつける。グリーンは芝刈りが頻繁に行なわれ、ゴルフ場のなかでも、極端に低く刈りそろえられている場所である。この位置より高く穂を出すと芝刈りのときに茎を刈られてしまう。だから、刈られる高さよりも低い位置に穂をつけるのである。

グリーンよりもやや高い場所で芝刈りが行なわれるティーから取ってきた株は、グリーンの株よりもやや高い場所で穂をつける。それより少し高くフェアウェイの個体、もっとも高いラフの個体も、それぞれ生えていた場所で行なわれる芝刈りの高さに合わせて穂をつけるのだ。それぞれの場所から取ってきて、芝刈りがない環境で育てた結果だから、その高さで穂をつける特性が身に染みこんでいるということになる。

頭を下げることが多いサラリーマンの社会。しかし、グリーン上で頭を下げているのは接待ゴルフのサラリーマンだけではない。スズメノカタビラも同じなのである。世界的に活躍するコスモポリタンのスズメノカタビラ。意外にもその成功の秘訣は腰の低さにあったのである。

コオニユリ

小鬼百合《こおにゆり》　ユリ科

ユリの花の見えない苦労

アゲハチョウは赤い色を識別することができる。だから、アゲハチョウを呼び寄せる花は赤系統の色をしている。

鳥や動物にとって、赤はもっとも目を引く色である。人間の注意を引きつける必要がある「止まれ」の信号も赤色である。鳥や動物に種子を運んでもらう果実も多くは赤く染まって、彼らを引きつける。果実はまだ熟す前は緑色をしている。やがて、種子が熟すと果実は赤くなって食べどきだという信号を送り、鳥や動物たちを呼び寄せてその実を食べさせるのである。果肉と一緒にお腹に入った種子は消化器官を通り、排泄されて散布されるのだ。

かつてサルだった私たち人間が、赤く実った果実をおいしそうと感じるのは、それが植物と築き上げてきた約束事だからである。その本能を利用してか、ハンバーガーや牛丼のチェーン店、中華料理店も食欲をそそる赤色や朱色を基調にデザインされている。

里に咲くコオニユリもアゲハチョウを呼び寄せる朱色をしている。ユリの仲間はどれ

73　コオニユリ

も花が大きく立派だが、それは花粉媒介者である大型のチョウやガにサイズを合わせているからである。

チョウは美しく華やかなので、ずいぶんといい印象を持たれているが、花にしてみれば質《たち》の悪い大盗賊である。チョウはストローのような長い口を持っているので、雄しべや雌しべに触れることなく蜜を盗み吸うことができるのだ。これでは受粉することができない。だから、ガラの悪い大盗賊に花粉を運ばせることを選んだコオニユリの花は手が込んでいる。

花はわざと下向きに咲いて蜜を吸いにくくして、さらに雄しべや雌しべを長く突き出している。訪れたアゲハチョウは雄しべや雌しべを足場にしてぶら下がり、羽をばたつかせながら苦労して蜜を吸わなければならない。そして、夢中で蜜を吸っているあいだに体が花粉だらけになってしまうのである。意地の悪いいやがらせにも見えるが、こうでもしないと蜜泥棒のチョウに蜜だけ持っていかれてしまうのだ。

コオニユリは雄しべにも工夫がある。雄しべの先はT字形の構造になっていて、花粉の入った葯《やく》が自在に動くようになっている。そして掃除モップの先のように、どんな角度でもチョウの体にぴったりとフィットできるようになっているのである。

そのうえ花粉には粘り気があって、チョウの体につきやすくなっている。ユリの花粉

75　コオニユリ

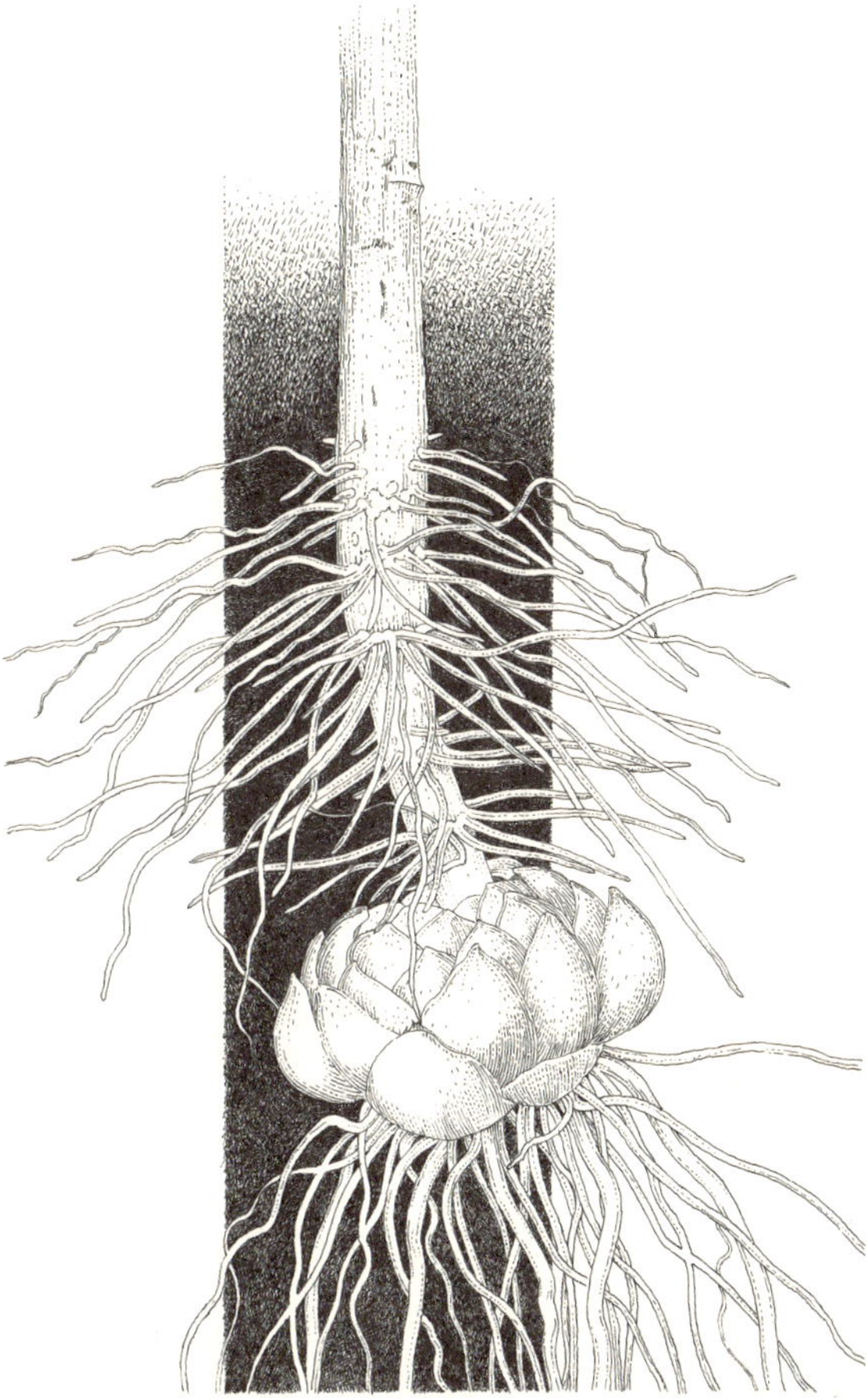

が私たちの衣服につくと、取れにくいのはそのためである。一方、雌しべの先からは粘液が出ていて、花粉を受け取りやすくなっている。花瓶に活けた園芸用のユリも、よく見るとこの粘液をしたたらせているのが観察できる。

しかし、コオニユリが手を焼いているのは蜜泥棒のチョウだけではない。球根を狙う泥棒もいるのである。ユリ類の球根はでんぷん質が豊富である。はるか昔、重要なでんぷん源は「ウリ（Uri）」に由来する発音であらわされた。うるち米、くり、くるみなどの古来からの食糧が「ウリ（Uri）」「ウル（Uru）」の発音を含んでいるのもそのためである。同じ発音を持つユリ（Yuri）もかつては重要なでんぷん源だったと考えられている。ましてやコオニユリの球根はえぐ味も少なく味がいい。このおいしくて、栄養豊富な球根を猪などが狙っているのだ。これは蜜泥棒どころの騒ぎではない。球根を奪われては命にかかわる。

しかし、コオニユリも負けてはいない。球根を守るため命がけの作戦を決行するのだ。ユリの球根には、球根の下側から出る下根《かこん》と、球根より上の茎から出る上根《じょうこん》とがある。主に水や養分を吸収するのは茎から生える上根である。下根は別名を牽引根《けんいんこん》という。根が地中深く張った後、縮んで球根を土の中に引っ張り込む。そうして、容易に掘られないように球根を地中深く潜伏させていくのである。

さらに、コオニユリの作戦は続く。ふつうの植物は球根から上に向かって芽が伸びる。しかし、コオニユリは違う。球根から出た芽は一度横に伸びる。そして、球根から少し離れた場所で地上にあらわれるのである。毎年毎年、横へ伸びながらコオニユリは芽を出す場所をずらしていく。こうして球根の位置がわからないようにカモフラージュ作戦をとっているのである。

それでも掘り当てられたらどうするか。これはもう自爆するしかない。ユリは漢字で「百合《ゆり》」と書くが、これはユリの球根がたくさんの鱗片《りんぺん》が合わさっていることによる。万が一、球根が食べられそうになったとき、ユリの球根は細かな鱗片に分解されるようになっている。そして、形を失ってバラバラと崩れ落ちてしまうのだ。丸々と太った球根をねらった動物も、バラバラに散らばった鱗片をすべて食べ尽くすことはできない。難が去った後、残った鱗片はやがて根を出し、新しい球根をそこに形成するのである。

「湖に浮かぶ白鳥は人知れず水をかく」という言葉がある。気高く美しいユリの花も白鳥に共感していることだろう。優雅に見えていても、いや優雅に見せているからこそ、見えないところでは大変な努力をしているのだ。

オオバコ

この道一筋、踏まれて生きる

大葉子《おおばこ》　オオバコ科

踏まれても踏まれてもたくましく生きる雑草。その代表格は間違いなくオオバコだろう。オオバコは人に踏まれやすい道やグラウンドなどによく生えている。

オオバコは「大葉子《おおばこ》」の意味である。その名のとおり大きな葉が特徴的だ。別名の「きゃあろっぱ」は「かえる葉」の意味で、その葉がカエルに似ていることから名づけられている。そのせいかカエルにちなんだ言い伝えも多い。オオバコの葉を死んだカエルにかぶせると生き返るといわれている。聞くところによると、「がまの油売り」で有名な四六《しろく》のがまの主食もオオバコらしい。

実はこのカエルに似たオオバコの葉には、踏まれに強い秘密が隠されている。

オオバコの葉は見た目にとてもやわらかい。もし頑強なかたい葉だったらどうだろう。踏まれに耐えているうちはいいが、限界を超えると折れたり、破れたりしてしまう。「柳に風」ではないが、むしろやわらかい葉のほうが踏まれに対して抵抗が少なく、強さを発揮するのである。しかし、ただやわらかいだけではちぎれてしまう。だから、オ

79　オオバコ

オバコは葉のなかに五本の丈夫な筋を通している。葉をちぎってそっと引っ張ると、この筋を抜き出すことができる。やわらかさの中に、かたさを合わせ持っているからオオバコの大きな葉は丈夫なのである。柔軟なだけでも、頑固なだけでも、どちらか一方ではダメだということなのだろう。

花をつける花茎《かけい》もやわらかさとかたさを合わせ持っている。ただし、葉とは逆の構造である。花茎は外側がかたい皮でできているが、逆に中はやわらかい構造になっている。かたいだけの茎では折れてしまうが、中がやわらかいのでしなって衝撃をやわらげるのである。しかもさらに頻繁に踏まれる場所では、花茎を斜めに伸ばす。まっすぐに伸びていると踏まれたときにつぶされてしまうが、斜めに伸びていれば自然と倒れて衝撃が少ないのだ。このようにオオバコはさまざまな工夫を凝らして踏まれることに耐えている。

踏まれに強い秘密はほかにもある。ふつうの植物は茎に葉がついているが、オオバコの葉は地面に伏している。これは茎がごくごく短く、地面に近いところに葉を重ねて出しているためだ。茎が長いと折れたり倒れたりしてしまう。茎や葉を低くかまえていることも踏まれることへの重要な対策だ。柔道や相撲でも重心は低いほうが投げられにくい。テニスやバレーボールのレシーブも腰を落とす。背伸びせず、低く構えることは守りの基本なのだ。

こんなにも苦労して踏みつけに耐えているオオバコ。しかし、「かわいそうだから、踏みつけないようにしよう」と同情する人がいたら、それはオオバコにとってはありがた迷惑な話である。なぜならオオバコは踏まれ続けなければ生存することができない宿命にあるのだ。

もし、人々が踏みつけることをやめてしまったらどうなるだろう。踏みつけられることによって生存できなかったほかのさまざまな植物たちが、生活の場を求めてその場所へ侵入してくるだろう。オオバコは踏まれには強いが、ほかの植物との生存競争には弱い。だからそうなると、やがてはほかの植物に追いやられてしまうのである。

ほかの植物との争いを避け、苦境に身を置いて自らを鍛え上げていく。それがオオバコの生き方である。「我に七難八苦を与えたまえ」と月に願かけしたのは戦国時代の武将・山中鹿之助《やまなかしかのすけ》であった。オオバコもきっとこれと同じ心境なのではなかろうか。

茶道、華道、柔道、棋道《きどう》など究めるべき道は多いが、オオバコもまた苦難の道を選んだのである。道に沿って、オオバコはどこにでも生えている。中国では「車前草《しゃぜんそう》」、ドイツでは「道の見張り」と呼ばれているのもそのためである。「オオバコの山登り」ということばもあって、登山道に沿って高山地帯にまで生えていることさえある。山深いけもの道にも生えている。道がある限り、オオバコの生えない場所はないとさえいわれているくらいだ。まさに道を究めりである。

そこまで道に沿って生えているのには理由がある。オオバコはただ踏みつけに耐えているわけではない。逆境を逆手にとって踏まれることを利用して戦略を展開している。オオバコの学名である「プランターゴ」は、足の裏で運ぶという意味である。オオバコの種子には紙おむつに使われるものとよく似た化学構造のゼリー状の物質があって、水に濡れると膨張して粘着する。そのため靴や動物の足に踏まれると、くっついて運ばれていくのである。最近では、自動車のタイヤについて広がっていく。こうして踏まれることによって種子を散布するオオバコは、ふたたび踏まれやすい場所に芽生え、自らの領域を広げていくのである。

決して誉められた表現ではないが、オオバコは「ブスの恋」とも呼ばれている。醜女《しこめ》の深情けのように種子がしつこくまとわりついてなかなか離れないからである。どこまでもたくましく強い生き方なのだろう。踏まれて生きる「ブスの恋」のたくましさに心惹かれる酔狂者は私だけだろうか。

カタバミ

酢漿草《かたばみ》 カタバミ科

花ことばは「輝く心」の倹約型雑草

空母の上からつぎつぎと戦闘機が空中に放たれていく。滑走距離をほとんど必要とせず、水蒸気の圧力で戦闘機を飛ばす最新システムは「カタパルト」と呼ばれている。「カタバミ」という雑草の名は「カタパルト」に何となく似ている。しかし、似ているのは名前だけではない。ロケットのような形をしたカタバミの実のなかには、小さな種子がたくさん装備されていて、なんとその一つ一つに発射装置が取りつけられているのだ。発射装置は白い袋のように種子を包んでいる。白い袋の外側の皮は大きくならないが、袋の内側の皮は細胞分裂を繰り返しながら種子の生長にあわせて伸びていく。それでも外側の皮は伸びないので、やがて、内側の皮は細胞が押しつぶされるように圧縮されてしまうのだ。限界まで圧縮された細胞は、内側からはじけて、ついに外側の皮をやぶり、反転してしまう。この圧力で種子はものすごい勢いではじき飛ばされるのである。

この雑草を抜き去ろうと傍若無人な人間が不用意に触れると、その振動で発射装置が作動して、種子がバチバチと音を立てながら飛び散っていく。さらに発射装置の袋のなかに充満していた粘着物質が種子と一緒に飛び散って、人の靴や衣服に付着するようになっている。カタバミのシステムには最新型の兵器も顔負けというところである。

もちろん、カタバミの名の由来はカタパルトではない。夕方になるとカタバミは葉を閉じてしまう。このときの姿が葉の片側が食べられて欠けたように見えるので「片喰《かたば》み」と呼ばれているのだ。カタバミが葉を閉じるのは、夜間の放射冷却によって熱が逃げるのを防ぐためであると考えられている。熱エネルギーを無駄にしないように考えているのだ。さらにカタバミは、葉ばかりでなく花も閉じる。建物の陰になったときや、曇りや雨の日には、花は開かない。光が当たらないときには虫の訪れる可能性が低いので、花を閉じて花粉のロスを防いでいるのである。

カタバミは決して葉を広げっぱなしにしたり、花を開きっぱなしにしたりはしない。つねに状況を判断しながら、こまめにエネルギーや資源の節約に励んでいるのである。テレビをつけっぱなしにしてうたた寝してしまう人や、お風呂のお湯を出しっぱなしにしてあふれさせてしまう人には耳が痛い話だろう。

省エネに励む倹約家のカタバミは「黄金草《こがねぐさ》」の別名を持っている。ただし、「黄金虫は金持ちだ」と歌われたコガネムシのように金持ちだからそう呼ばれているわけではない。

85　カタバミ

カタバミの葉は虫に食べられないようにシュウ酸を大量に含んでいる。そのため、この葉で金属を磨くと汚れが落ちてピカピカになるのだ。試しに十円玉を磨いてみると魔法のようにピカピカになる。これが「黄金草」と呼ばれるゆえんである。もちろん、十円玉をいくら磨いても金貨になることはないから、お金持ちにはなれない。

カタバミで鏡を磨くと、想う人の顔が鏡のなかにあらわれるというロマンティックな伝説もある。このほうが十円玉をピカピカにするよりは、もう少し幸せになれそうである。

美しく均整のとれた葉を持つカタバミを、昔の女性はチョウと同じように愛でたという。たしかにカタバミの葉をよく見ると、かわいいハート型をしている。一方では猛者ぞろいの戦国武将のあいだでカタバミは家紋として好んで使われた。逆境のなかで種子をまき散らす強さから、子孫繁栄のシンボルとなったのである。こんな小さな雑草に美しさや強さを見出した昔の人の自然へのまなざしには脱帽するしかない。

カタバミの花ことばは「輝く心」である。魔法で金持ちになることを考えるよりも、私たちもせっせと心を磨こうではないか。

ネジバナ

捩花《ねじばな》　ラン科

ひねくれもののねじれた戦略

植物のつる（蔓《つる》）の巻き方は、種類によって左巻きか右巻きかが決まっている。たとえば、アサガオのつるは右巻きである。ところが、本によっては左巻きと書いてあることもある。何ともややこしいことだが、これはどちらも間違いではない。上から見ると、アサガオのつるは支柱に対して反時計まわりに巻いていく。すなわち左巻きである。ところが、これは人間側から見た場合である。アサガオの立場に立って根元から上を見上げてみると、逆に時計まわりになる。これは右巻きである。何ともひねくれた見方にも思えるが、植物以外の分野では、むしろこの方が一般的である。ネジはアサガオのつると同じ巻き方だが、進行方向に対して右に回すと前に進むので右巻きである。最近では、植物も伸長方向に対して見るほうが一般的だから、この見方ならばアサガオは右巻きになる。といっても、つるの巻き方を伸長方向で考えるのは慣れないと難しい。茎の伸びる方向に親指を向けて、右手で握った指の巻き方と同じであれば、右巻きのつる。逆に左手で握って同じであれば左巻きのつると覚えておくといいだろう。

ネジバナは、その名のとおり、ネジのように花がらせん状に巻きながら咲いていく。虫が訪れやすいように横向きに花を咲かせるので、一方向だけに花をたくさんつけると傾いてしまう。だから、満遍なく周囲に花をつけてバランスを保っているのである。

ネジは右巻きだが、このネジバナには右巻きと左巻きの両方がある。この巻き方も植物のつると同じ方法で判断できる。調べてみると、場所にもよるが、右巻きと左巻きはおおよそ同じくらいの割合である。余談だが、ソフトクリーム屋の店頭にある大きなソフトクリームにも右巻き、左巻きの両方がある。ネジバナのついでに調べてみたら、これも同じくらいの割合だった。

ネジバナは芝生などに生える雑草だが、ピンク色の花がかわいらしいので刈られずに残されている光景によく出会う。美しいこともサバイバル戦の武器になるのだ。花は美しいはずで、ネジバナは小さな雑草ながらランの仲間なのである。ランの仲間はどれも美しく複雑な花の形をしているが、ネジバナも負けてはいない。白いレースのような花びらが下に一枚つき出ていて、それにかぶさるようにピンク色の花びらがかぶとのように重なっている。小さな花ながら、虫眼鏡でのぞくとなかなか美しい。

この上側の花びらに雄しべと雌しべが重なっている。雄しべの先端には接着剤のついた花粉の塊が用意されている。この花粉の大きな塊を虫につけてしまうのである。虫が別の花を訪れたとき、雌しべの先はさらに粘る鳥もちのようになっていて、接着剤で虫についた花粉の塊をちぎりとってしまう。小さな花粉をやりとりせず、お徳用パックで売買するように一度に受粉をすませてしまうのだ。ネジバナは種子の数がものすごく多く、一つの小さな花が数十万個もの種子を作る。ばらばらの花粉で受粉していてはとても大変なので、まとめて受粉してしまうのである。

それだけたくさんの種子を作るので、一粒当たりの種子のサイズはとてつもなく小さい。微細な種子はあたかもほこりのように風に舞って散布されていく。ところが、問題がある。ネジバナの種子はあまりにも小さいので、発芽に必要な栄養分さえ持ち合わせていないのだ。そこでネジバナの種子は恐るべき戦略を考え出した。

ネジバナの種子はラン菌というカビの仲間を呼び寄せ、驚くことに自らの体に寄生させてしまうのである。そして種子のなかに入りこんだ菌糸から逆に栄養分を吸収して発芽する。さらにはラン菌を分解して完全に吸収して生長の栄養分にしてしまう。一歩間違えば逆に菌に侵されてしまう。まさに「肉を切らせて骨を断つ」ぎりぎりの作戦である。不意を突かれたラン菌にとっては、甘い誘いに誘われてキャッチセールスにでもあったような思いだろう。見かけのかわいらしさにだまされてはいけない。ネジバナの根性は相当ねじ曲がっているのだ。

スベリヒユ

すべっても祝うよっぱらい草

滑莧《すべりひゆ》　スベリヒユ科

スベリヒユは園芸植物のマツバボタンの仲間である。マツバボタンに比べるとずっと小さい花なのであまり目立たないが、気をつけてよく見てみると黄色いきれいな花である。花の中央部には十二本の雄しべが密生している。ペン先などでそっと触ってみると、雄しべは刺激された方向に一斉に曲がってくる。訪れた虫に花粉をつけようとして寄ってくるのである。おもしろがって何度も雄しべを刺激していると、そのうち疲れて動かなくなってしまう。あるいはだまされ続けて人間不信に陥ってしまうのだろうか。花が咲き終わり、やがて果実が熟すと、横にぱっかりと割れて、帽子を脱ぐかのように上半分がとれて種子があらわれる。このようすもかわいらしい。小さな花でもいろいろと工夫があるのだ。

それにしても、スベリヒユとはおもしろい名前である。ヒユというのはインド原産で、現在ではアマランサスと呼ばれる野菜の仲間である。ところが、スベリヒユはヒユの仲間ではない。見た目には似ても似つかないのだが、スベリヒユのどこがヒユだというのだろう。

実は、スベリヒユは食べたときの味がヒユに似ていることからヒユと呼ばれるようになった。今では食べる人はほとんどいないが、その昔はおいしい雑草として有名だったのである。スベリヒユは粘着物質を含むので、食べるとぬめりがある。さらに多肉質な葉はつるつるで、足で踏むとよく滑る。そのためスベリヒユと名づけられたのだ。もっとも「すべる」が禁句の受験生には敬遠される名前かもしれない。

ところでスベリヒユは古名を「伊波為都良」という。ヤンキーの若者たちが「よろしく」を「夜露死苦」などと当て字するのにも似ているが、これは、何と読むのだろう。「伊波為都良」は「いはいつる」と読む。つまり、「祝い蔓」なのだ。これならば受験生諸君も受け入れてくれることだろう。結納などおめでたい席で、かつおぶしを「勝男武士」、するめを「寿留女」と書く慣わしと似た感覚だろうか。

茎を赤らめているので、「よっぱらい草」や「のんべえ草」といった別名もある。茎が赤いだけでなく、さらには葉が緑色、花が黄色、種子が黒色、根が白色であることから、五色草ともいわれている。この五色に青色さえあれば、白地に五色の輪をデザインした世界の祭典オリンピックの五輪マークと同じ配色である。とにもかくにもめでたい雑草だ。

93　スベリヒユ

「伊波為都良」はお祝いのときに軒先に掛けられたという。いつまでも緑が保たれることから、その強い生命力がお祝いのシンボルとなったのだ。たしかにスベリヒユは高温乾燥にめっぽう強い。草取りをして夏の炎天に放置してもなかなか枯れることはない。それどころか、ふたたび根づいて、何事もなかったかのように生長してしまう。すべての作物が枯れてしまうほどの日照りのときには、貴重な食料となって人々を救ったことから「ひでりぐさ」の別名もある。

乾燥に強いのは、ふつうの植物には見られない「CAM」と呼ばれる特別な光合成システムを持っているためである。光合成は光のエネルギーを利用して水と二酸化炭素から糖を生産する活動である。そのため、植物は水を吸い上げ、葉にある気孔という換気口から二酸化炭素を取り込む。光合成は太陽の光がある昼間しかできないから、ふつうは昼間、気孔を開けて、夜間に閉じるのである。ところが、乾燥地帯では問題が起こる。昼間に気孔を開くと、そこから貴重な水分がどんどん蒸発してしまう。そこで考え出されたのが「CAM」である。このシステムでは、気孔の開閉が一般の植物とまったく逆になる。水分の蒸発が少ない夜間に気孔が開いて、二酸化炭素を取り込んで貯め込んでおく。そして、昼間は気孔を閉じて、貯えた二酸化炭素を材料にして光合成を行なうのである。

スベリヒユはこの「CAM」のシステムを持っているので、乾燥に対して強さを発揮する。サボテンなど乾燥地帯に暮らす多くの植物も、この光合成システムを身につけている。電気代の安い夜間電力で氷や温水を作って、昼間の空調に使うシステムが盛んに宣伝されているが、あるいはこれと似たような考え方かもしれない。

そればかりか、葉の表面はかたい皮に包み、肉厚な葉の中には粘着物質を含んで、二重三重の守りで水分が逃げ出すのを防いでいる。

これだけ乾燥に備えているのは、スベリヒユが乾燥地帯原産であるためと考えられている。万葉の時代から日本人に親しまれたスベリヒユであるが、実は有史以前の古い時代に海外からやってきたのである。灼熱のふるさとには日本のような厳しい冬がなかったから、スベリヒユは本来なら年がら年中、芽を出して花を咲かせる能力を持っている。ところが、日本には四季があり、母国では経験したこともないような厳しい冬がある。そのため、盛夏には旺盛に生育するスベリヒユも、秋になると枯れて種を残し、春になると芽を出すという苦渋の生活パターンを強いられて、長い年月を忍んできたのだ。

ところが、そんなスベリヒユのための楽園が登場した。冬でも暖房をきかせた温室である。温室のなかは一年中常夏の気候が用意されている。水がまかれるのは作物の株もとだけで、それ以外の部分はすっかり乾いている。この高温と乾燥こそがスベリヒユにとってなつかしい故郷の環境だったのである。

スベリヒユは祝いのつるを伸ばしながら、上機嫌で茎を赤らめていることだろう。それにしても、せっせと資源を節約しながら生き抜いてきたスベリヒユを暖かく迎えてくれた場所が、多量の燃料を浪費する温室だったとは、何という皮肉な結末なのだろう。

ハマスゲ

浜菅《はますげ》　カヤツリグサ科

アスファルトを突き破る底力

私たち現代人の生活は、大きく土とかけ離れてしまっている。どこもかしこもアスファルトやコンクリートで埋め尽くされていて、ややもすると土をまったく踏むことなく一日を終えてしまうこともある。しかし、どんなに土が少なくなっても雑草は土に根ざして生きている。かたいアスファルトで大地を覆われてしまうと、雑草は反骨心をたぎらせて、アスファルトを持ち上げて芽を出すことがある。小さな雑草のどこにそんな力が秘められているのだろう。

植物の細胞の圧力を測ると、五～十気圧もあるという。車のタイヤが二気圧程度なのに比べるとかなりの圧力だ。これだけの圧力で休むことなく押し続けるから、ついにはアスファルトをも突き破るのである。

植物の細胞がこれだけの高い圧力を持っているのには理由がある。植物は土の中から水分を吸収しなければならない。しかし、土は水分を吸着してしっかりと抱え込んでいるから、吸収するというのはそれほど簡単なものではない。この水分を土から引き裂かなければならないのだから相当の力が必要となる。この吸引力が浸透圧と呼ばれる圧力である。細胞内が吸収された水で満たされると、膨れた風船のようになる。この圧力が膨圧《ぼうあつ》である。水分の少ない乾燥地帯にすむ植物は特に強い圧力を持つ必要がある。これらの圧力によって、雑草のあるものはついにアスファルトを突き破るまでになったのである。

ハマスゲもアスファルトを突き破って道路や駐車場などで生育する雑草の一つである。ハマスゲは地下に塊茎《かいけい》を持っていて、そこから芽を出し、アスファルトを破って地上にあらわれるのだ。

アスファルトを破らなければ地上に芽を出すことができないハマスゲは不遇の環境にある。しかし、その困難を乗り越えたとき、ハマスゲを苦しめた逆境は味方になる。苦労して突き破ったアスファルトが、こんどはハマスゲを守るかたい鎧となるのだ。草むしりをしようとしても、ハマスゲは葉がちぎれるばかりである。大切な塊茎はしっかりとアスファルトの下に守られていて、人間は手をつけることができない。ハマスゲはアスファルトの下の地面に地下茎を張り巡らせていく。そしてあちらこちらに塊茎を作り、ふたたびアスファルトを持ち上げて地上にあらわれる。地下壕を利用したゲリラ戦さながらの暗躍である。

99　ハマスゲ

ハマスゲは別名を「香付子《こうぶし》」という。「畑にこうぶし、田にひるも」といわれ、ハマスゲはしつこい畑の雑草の横綱格と評された。一方、田んぼの雑草の横綱とされた「ひるも」の図鑑の名前はヒルムシロである。猛威を振るって農民を苦しめたヒルムシロだが、除草剤の普及により、今ではすっかりおとなしくなってしまった。しかし、落ちぶれたライバルを尻目にハマスゲは健在である。除草剤で地上の葉は枯らされても、地下にある塊茎や地下茎まではなかなか枯れることがないのだ。

ハマスゲの別名である香付子の付子とは、猛毒で有名なトリカブトのことである。ハマスゲの塊茎が付子に似ているところから、そう呼ばれるようになった。ちなみに、この付子の毒を飲んだときの苦悶の表情が「ブス」という言葉の語源になったともいわれている。

ハマスゲの塊茎が日の目を見ようとしないのは、なにもブスだからではない。踏まれても、むしられても、除草剤をまかれても、びくともしない。そして、アスファルトさえ突き破る。

もしこの力の源を白日のもとにさらすとしたら、さすがのハマスゲもまたたく間にしおれてしまうのだろう。「能ある鷹は爪を隠す」、目に見えないところに力の源を持っていることこそが、ハマスゲの強さの秘密なのである。

コニシキソウ——小錦草《こにしきそう》 トウダイグサ科

——地べたを満喫する生き方

「こんなに小さいのに小錦草ですか？」

と驚く人がよくいる。巨漢の元大関「小錦」を連想するからだろう。コニシキソウの仲間にニシキソウ（錦草）がある。コニシキソウは小さい錦草という意味だから、決して間違いではない。あんなに大きいのに「小錦」というほうが本当はおかしいのだ。

コニシキソウは歩道のコンクリート・ブロックのわずかな隙間などによく見かける雑草である。夏の日の盛りは雑草が生い繁るときでもある。ほかの雑草たちは先を争ってぐんぐんと伸びてゆく。

しかし、コニシキソウはそんな激しい競争には見向きもしないで、地べたにへばりついてマイペースで暮らしている。かの詩人・草野心平は「蛙《かえる》は地べたに生きる天国である」と評したが、コニシキソウも決して負け惜しみではなく、地べたの生活を満喫している。踏まれやすい過酷な場所に生えているが、コニシキソウは気にも留めないようすだ。そもそも上へ上へと無理して伸びようとするから、踏まれたときのダメージが大き

103　コニシキソウ

いのである。その点コニシキソウは、最初から地面にひれ伏して生育しているから、踏まれても折れたり、倒れたりすることはないのだ。

ただ、ぐんぐんと勢いよく伸びていくほかの雑草たちに比べて、地べたの生活は一見惨めにも見えるが、実際はどうなのだろう。

たとえば、太陽の光を十分に受けることができるのだろうか。雑草が競って上へ伸びるのは、太陽の光を求めてのことである。競争に敗れたものは、ほかの雑草の日陰で暮らすしかない。

ところが、コニシキソウにはその心配は必要ない。コニシキソウが生えているところはよく踏まれる場所である。そのような場所はほかの雑草が繁ることはないから、コニシキソウは地べたでも十分に光を受けることができるのだ。むしろ日当たりのよい場所を選り好みして、さんさんと降り注ぐ太陽の光を独占して暮らしている。

花はどうだろう。花を高々と掲げなければ花粉を運んでくれる虫に発見されにくいのではないだろうか。これも心配は無用である。実はコニシキソウの花粉を運ぶのはチョウやハチではない。コニシキソウが選んだパートナーは同じ地べたに生きるアリなのである。

働き者のアリは地面の上に伸びたコニシキソウの茎を伝いながら蜜を集め、口のまわりについた花粉を運んでいく。そのうえ、アリは蜜の匂いだけで集まってくるから、チョウやハチを呼び寄せるための美しい花びらで飾りつける必要がない。だから、コニシキソウの花は雄しべ一本、雌しべ一本というきわめてシンプルな構造である。さらには、アリが相手だからごくごく小さい花を咲かせればいいし、蜜の量も少しでいい。かなりのコスト削減を実現しているのである。

ニシキソウ（錦草）の名は、葉の緑色と茎の赤色のコントラストが美しい錦を思わせることに由来する。地べたに生きながら錦をまとうコニシキソウは、はた目から見るよりもずっと楽しい生き方をしているのではないだろうか。

植物の生育を測る指標に草高《くさたか》と草丈《くさたけ》がある。草高は地面から茎の先端までの高さである。一方の草丈は根元から茎の先端までの長さである。まっすぐ縦に伸びる植物にとっては草高と草丈はまったく同じである。しかし、コニシキソウにとっては大きく異なる。横に伸びるコニシキソウにとってはどれだけ草丈を伸ばしても草高はほとんどゼロなのだ。

偏差値やGNPなど、人間はつい高さでその成長を測りたがる。しかし、人間が草高で判断しようと、コニシキソウにとって重要なのはあくまでも草丈なのである。

何も上へ伸びるばかりが能ではない。世間体や常識にとらわれず自分流の生長をすれ

ばそれでいいのだ。このコニシキソウの開き直りは、多士済々の雑草のなかにあっても
まさに新境地を開拓したといっていいだろう。

ツユクサ

ツユクサ

露草《つゆくさ》　ツユクサ科

サッカーチーム顔負けのフォーメーション

朝《あした》咲き夕べは消《け》ぬるつきくさの消《け》ぬべき恋も我はするかも（『万葉集』巻十）

つきくさ（ツユクサ）のようにはかない恋と『万葉集』にも詠まれているツユクサの花は、古来より朝露のようにはかないものとして、人々の心をつかんできた。たしかに一つの花は半日しか咲かないが、二つ折りになった「苞《ほう》」と呼ばれる葉のなかから、その日限りの花をつぎつぎと出しては咲かせ、結局は夏の間中いつまでも咲き続けている。決してはかない命ではないのだ。

朝露に濡れながらしっとりと咲くようすも、人の哀れを誘っているようである。ところが、ツユクサは葉の先端に余分な水分を体外へ排出する水孔《すいこう》と呼ばれる穴を持っている。ツユクサを濡らす朝露も実は夜のあいだにこの穴から排出された水分が水滴となって露のように見えるだけなのである。はかなさを自らかもし出しているのだ。まさに自作自演。うそ泣きのようなものである。実際、ツユクサはその清くはかないイメージとは裏腹に畑に蔓延するやっかいな雑草である。

ツユクサの花をよく見ると、おもしろい形をしている。帽子をかぶっているようなので、ボウシグサ（帽子草）とも呼ばれている。その形を見立ててスズムシグサ（鈴虫草）、トンボグサ（蜻蛉草）、ホタルグサ（蛍草）という別名もある。ツユクサの花にイメージをかき立てられるのは、昔も今も変わらない。最近ではミッキーマウスの顔だという人や、ウルトラセブンに登場した耳の大きいイカルス星人に似ているという人もいる。あなたならツユクサの花を何に見立てるだろうか。

もう一つ特徴的なのが花の色である。これだけ鮮やかな青い花は少ない。昔はこの花の汁で衣類を染めたという。冒頭の歌のように古名を「つきくさ」と呼ぶのは色が着く「着草」の意味なのだ。いつのころからか、それが転じてツユクサと呼ばれるようになったといわれている。

ツユクサの花の青色と雄しべの黄色のコントラストは、あたかもサッカー日本代表チームの青いユニフォームと黄色い胸のエンブレムを連想させる。このツユクサの花は日本代表のユニフォームの色を配しているだけではない。サッカーチーム顔負けのみごとな連携プレーをやってのけるのである。選手たちは六本の雄しべである。

サッカーでは、ゴールキーパーを除く十人は守備のディフェンダー、中盤のミッドフ

109　ツユクサ

イルダー、攻撃のフォワードといったポジションに分かれている。これらのポジションがたがいに連携しながら得点をねらう。この三つのポジションの人数によって「4・4・2」とか「3・5・2」など、さまざまなシステムがある。これと同じようにツユクサの六本の雄しべも三つの異なるポジションと役割を持っている。サッカー風にいえば「3・1・2」システムである。もちろん六本の雄しべの目的は、花粉を運ばせるためにハナアブの体に花粉をつけることにある。それでは六本の雄しべはどのように連携しながら、その目的を達成しているのであろうか。

ツユクサの花に一番近い部分の最後列にはX字形をした三つの雄しべが並んでいる。これらがいわばディフェンダーである。X字形の雄しべは青色の花弁の中央で鮮やかな黄色い色をしていて、とても目立つ。そして、ハナアブを引きつけるのである。ツユクサの花には蜜がないので、ハナアブは花粉を食べにやってくる。しかし、鮮やかな黄色は見せかけでX字形の雄しべの花粉は量もごく少なく生殖能力がない。最初からハナアブを引きつけるだけのまったくのおとりである。

このディフェンダーのやや前に逆Y字形をした一本の雄しべがある。サッカーでは攻守の要となるミッドフィルダーである。もちろんツユクサにとっても、逆Y字形雄しべが重要なポジションになる。この雄しべは、もしハナアブが奥にあるX字形の花粉を狙った場合には、すかさずハナアブの体に花粉をつける。

しかし、X字形雄しべの花粉は量が少ないので、ハナアブを引きつける時間は短い。そこで、つぎに目立つ黄褐色をした逆Y字形雄しべがハナアブを引きつける役目を受け継ぐのだ。最後に登場するのがO字形をした2トップのストライカーである雄しべである。二本の雄しべは目立たない地味な色をしていて、長く前に突き出ている。そして逆Y字形雄しべを狙うハナアブの背後から、この二本の雄しべが巧みに花粉を付着させてしまうのである。みごとな連携プレーの勝利といえるだろう。

しかし、ツユクサの開花時間は短い。早朝咲いた花は午前中には閉じてしまう。当然、ハナアブが訪れないこともある。そんなときはどうするのだろうか。

花が終わるとき、花の中央に突き出ていた雌しべは内側に曲がっていく。このとき、突き出ていた二本の雄しべも同調するように曲がって雌しべに花粉をつけ、自家受粉を行なう。いい種子を残すためには虫に花粉を運ばせて、他の花と交雑するほうがいい。しかし、複雑なシステムを誇っていても、虫が訪れず、種子を残せなければ何にもならないのだ。ゴールを狙うことだけを宿命づけられた自慢の2トップは、虫が来ないときには、あっさりとオウンゴールを決めてしまうのである。

メヒシバ

女日芝《めひしば》　イネ科

雑草の女王は記念日がお好き

演歌の女王、銀盤の女王など、各界に女王と呼ばれる女性がいるが、「雑草の女王」と呼ばれているのがメヒシバである。そのしなやかで気品漂うイメージは女性らしく、また、世界中に勢力範囲を広げるこの雑草は、まさに女王の名にふさわしい。

メヒシバは「女日芝《めひしば》」の意味である。これに対して近縁ではないが、オヒシバ「男日《おひ》芝《しば》」もある。オヒシバはがっしりとしていて、見るからに雄々しい感じである。穂も豪傑男のげじげじ眉毛のように太く力強い。大地に根を張り、なかなか抜けない力強さから「力草《ちからぐさ》」の別名さえ持っている。

しかし、オヒシバは畑のまわりに生えるだけで、なかなか畑のなかに広がることはできないようだ。人間に管理されている畑のなかは水や肥料も豊富で雑草にとっては魅力的なすみかである。しかし、頻繁に草取りされたり、ある日突然、耕されたりと、その環境は思った以上に過酷である。だから、雑草のなかでも能力の高い選ばれたものだけが、畑の雑草として君臨することができるのである。オヒシバはなかなかその選ばれた

113　メヒシバ

雑草にはなりきれないようである。

一方、メヒシバはその垣根を乗り越えた。畑のなかでわが物顔にはびこり、やっかいものの雑草として名を馳せている。うだつの上がらないオヒシバに対して、メヒシバは華々しい成功を収めているのだ。その強さは女王というよりも女傑といったほうがふさわしい。

メヒシバの成功の秘訣はどこにあるのだろうか。

雑草の生存戦略には、横に伸びながら自分の生活テリトリーをどんどん広げていく「陣地拡大型」と、上に伸びて光を独占しながら自分のテリトリーでの優位性を図る「陣地強化型」とがある。どちらの戦略を選択するかは、雑草の種類によっておよそ決まっている。

ところが、メヒシバは状況に応じて、このどちらの戦略も使い分けることができる。広々とした開けた場所では、メヒシバは茎を横に這わせてテリトリーを広げていく。ところがライバルとなる作物があると一転して立ち上がり、茎を縦に伸ばして相手を押え込みにかかるのである。このしたたかな状況判断と変わり身の早さこそが、メヒシバを成功させているのである。

さらに、メヒシバの強さの秘密は茎の節《ふし》にある。メヒシバは茎の途中に必ず節を作る

115　メヒシバ

が、この節が重要な役割を果たすのである。

陣地拡大型戦略では、メヒシバは茎を横へ這わせていく。生長しながら茎の途中に節を作り、そこから根を出すのである。伸びれば伸びるほど、最前線である茎の先端は根元から遠くなってしまう。しかし、節が根を張って物資供給の拠点となるので、効果的に茎を伸ばしていくことができる。そして、どんどん遠征してテリトリーを広げていくことが可能なのである。

陣地強化型戦略においても、この節は重要な役割を果たしている。上に上に茎を伸ばして生長するには、さまざまな困難が待ちうけている。風雨で倒されたり、折れてしまうこともある。人間に刈られてしまうこともある。そんな困難にぶつかったとき、節から根を出して、大地に根づく。その節が生存の基盤になるのである。そして、その節を基点にして、ふたたび生長を始める。もし節を作ることもなく、茎を伸ばすことばかりに夢中になっていたら、ポキンと折れてしまったとき、すべてを失ってしまうだろう。

「季節の節目」「人生の節目」というように、私たち人間も節目という言葉をよく使う。人生の大きな転機や成功体験を節目として持っていれば、成長に行き詰まったとき、そこに立ち返ることができる。あるいは悩んだり迷ったりして、立ち止まったとき、そこには節ができる。そしてふたたび歩き出すことができる。節目は成長を再スタートさせる基点なのである。

子どもたちには節目となる行事が多いことも意味があるのだろう。生まれてからは、お七夜、初宮参り、お食い初め、七五三とつぎからつぎへと通過儀礼がある。入学式や、学期の終業式、卒業式と季節季節にも節目がある。それに比べると、大人はだらだらと年月を過ごしてしまいがちだ。

オヒシバは強そうに見えるが、まっすぐ立ち尽くしているだけである。たしかに力草と呼ばれるくらい抜くことは難しいけれど、株元を刈ってやれば退治されてしまう。ところがメヒシバは、そうはいかない。ちぎられても刈られても、節さえ残っていれば、そこから再生することができる。節を作る作業は一見すると無駄なようにも思える。生長のスピードが遅くなってしまうからである。しかし、がむしゃらにただ伸びるだけではポキンと折れてしまうことにもなりかねないのだ。

メヒシバのたくましい生活力の秘密は、しっかりとした節目を持つことにあるのである。そういえば、人間でも女性は誕生日や記念日をとても大切にする。一休みに見えてもしっかりと節目を作っていくことが結局は成功への早道なのだろう。男性のように自分の結婚記念日も簡単に忘れてしまうようでは成功もおぼつかないということか。

オヒシバも少しはメヒシバを見習ったほうがいいのではないだろうか。

カラスビシャク——これが「へそくり」の生活術

烏柄杓《からすびしゃく》　サトイモ科

こっそりと「へそくり」を貯め込んでいる方も多いだろう。ところで、どうして「へそくり」というのだろう。この「へそくり」の語源になった雑草がある。畑に見られる雑草、カラスビシャクである。カラスビシャクの芋は栗に似ているが、茎がとれたくぼみがへそのように見えるので「へそ栗」の別名がある。この芋は漢方で「半夏《はんげ》」と呼ばれ、吐き気止めの薬になる。そこで、農家の主婦は畑の草むしりをしながら、この「へそ栗」を薬屋へ売って小銭を稼いだ。これがへそくりの語源だという。

へそくりの異名を持つだけあって、カラスビシャクも実にしたたかである。カラスビシャクは土の中に芋を作って増えるが、それだけでは不安らしい。葉の先端にむかごと呼ばれる小さな芋のような繁殖体をこっそりとつける。それでもまだ不安だというので、茎の途中にもこぶのようなむかごをつける。まさかのときに備えていろいろなところに芋を隠しているのである。まさにへそくりの面目躍如といったところか。それだけでも十分に思えるのに、カラスビシャクはしっかり花を咲かせて種子まで残す。お金が貯ま

119　カラスビシャク

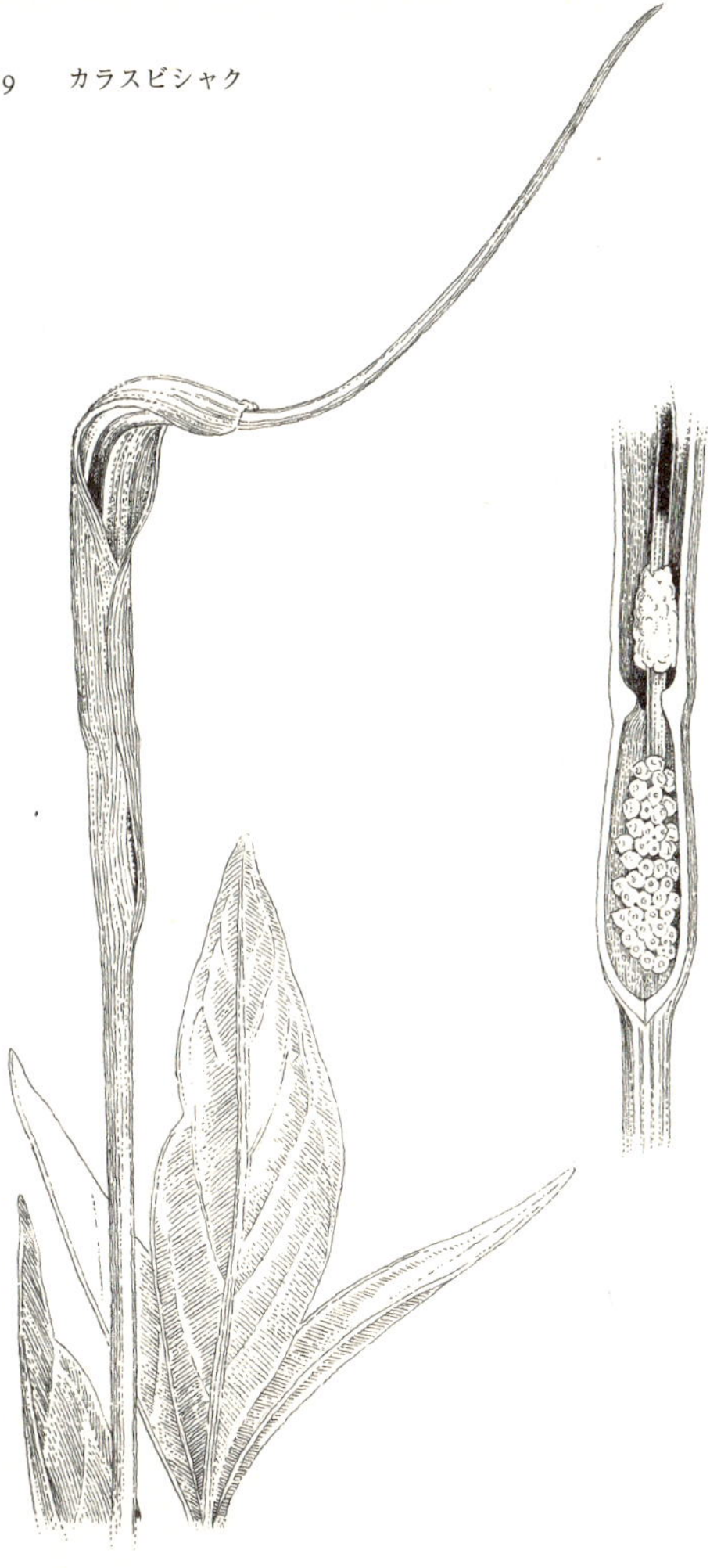

る人というのは、こんな感じなのだろう。

花の多くは芳醇な香りでチョウやハチ、アブなどを引きつけるが、カラスビシャクは違う。腐った肉のような特殊な臭いでハエを呼び寄せるのだ。臭いにつられたハエはカラスビシャクの花のなかへと入っていく。花のなかは外気より暖かくハエには快適である。しかも魅惑の香りに満ちている。まさに酒池肉林の世界である。

恐ろしい罠が待ち受けているとも知らず、臭いに導かれてハエは花の奥深くへと誘われていく。なかは返しのついた構造になっていて、一度入ると後戻りできないようになっているが、臭いに魅せられたハエはそんなことには気がつかない。花の内部は上のほうに雄花が、下のほうに雌花がついている。最初は雌花が咲いているが、このとき、花にはどこにも出口がない。ハエが気がついたときはすでに遅し。ハエは囚われの身となっているのである。しかし、何日か経ってここで一生を終えるのかとハエがあきらめかけたころ、雄花が咲きだすと一筋の光明が差し込む。花の下のほうにかすかに隙間ができるのである。外界から差し込む光を頼りにもがきながら、かろうじてこの隙間から脱出したハエの体には、花粉がしっかりついている。

これだけ痛い目にあっても、酒池肉林の誘惑には勝てないのか、ハエは凝りもせず別のカラスビシャクの花を訪れる。そしてふたたび閉じ込められたハエが出口を求めて暴れることによって、こんどは雌花に花粉がつくのである。ハエには何とも気の毒な受粉方法である。

しかし、ハエを一時的に幽閉するだけのカラスビシャクの方法はかなり良心的である。カラスビシャクと同じサトイモ科の仲間のあいだでは、もっと残酷な方法が平然と行なわれているのだ。マムシグサやテンナンショウはカラスビシャクと似た構造の花を持つサトイモ科の植物である。カラスビシャクが一つの花に雌花と雄花を持っているのに対し、彼らはそれぞれ独立した雄株と雌株とを持っている。雄株に咲いた雄花にはカラスビシャクと同じようにわずかな出口が用意されているので、雄花を訪れたハエは花粉まみれになりながらも何とか逃げ出すことができる。ところが、つぎに訪れた雌株では、悲劇が待ちうけている。雌花に入ったハエは出口を求めて暴れながら、花粉を雌しべにつける。しかし、雌株は冷酷だ。貢がせた後のことまでは面倒を見ずに、出口を用意していないのである。閉じ込められたハエは雌株の花のなかでただ死を待つのみである。

サトイモ科の植物の花は葉が変化した仏炎苞《ぶつえんほう》と呼ばれるもので包まれている。仏様の台座の光背に似ていることから名づけられた仏炎苞のなかでハエにとっては恐ろしい惨事が繰り返されている。仏とは名ばかりである。ハエの尊い命と引き替えにして見事に受粉は成功し、そこには新しい命が芽生える。こういうことさえ輪廻というのだろうか。

タイヌビエ　田犬稗《たいぬびえ》　イネ科

――効果的に身を隠す方法とは

雑穀の稗《ひえ》と同じ仲間だが、食用にはならない野生のヒエの仲間は総じてノビエ（野稗）と呼ばれている。タイヌビエは「田犬稗《たいぬびえ》」の意味で、ノビエのなかでも田んぼを専門のすみかとしている雑草である。一般に陸上で生活するノビエの仲間が発芽するためには酸素が必要である。酸素がない環境では発芽することはできないのだ。ところが田んぼで生活するタイヌビエは酸素がなくても発芽することができる。そのため水を張った田んぼでも発芽できる。

タイヌビエは古くから田んぼをすみかとし、田んぼに適応して進化を遂げてきたと考えられている。日本には、大陸から稲作が伝来した時期にコメに混じってやってきたといわれており、縄文時代末期の遺跡からはすでにタイヌビエの種子が発見されている。まさに古き歴史を持つ田んぼの雑草の名門なのだ。

田んぼは、雑草にとってはかなり厳しい環境である。米作りのために、昔は何度も何度も頻繁に、しかもていねいに草取りが行なわれた。そんななかを生き抜かなければな

らないのだ。ごく小さな雑草ならば身を伏せて逃れることもできただろうが、体の大きいタイヌビエには逃げ場がない。タイヌビエはどうやって身を守ればよいのだろうか。

ものまねで身を立てている芸人がいる。「芸は身を助ける」ではないが、実はタイヌビエも、ものまね芸で成功を収めている。タイヌビエは、見た目にイネとそっくりな姿をしている。そうして農家の目を欺いて田の草取りを切り抜けるのである。「木を隠すときは森へ隠せ」の喩《たと》えどおり、田んぼにたくさんあるイネに紛れることで、タイヌビエはみごとに身を隠してしまうのである。カメレオンがまわりの風景と同化したり、ナナフシが木の枝に似た体や手足を持つように、別のものに姿を似せて身を隠すことを「擬態」という。タイヌビエはイネに姿を似せる「擬態雑草」といわれている。

プロの農家でも簡単には区別できないくらいだから、子どもたちの田んぼ体験では、見間違えてイネを抜いてしまう子どもがいたり、イネが順調に生育していると思っているとほとんどヒエだったり、というエピソードは尽きない。しかし、タイヌビエがただイネの姿に身をやつし、やっとの思いで生きているかといえばそうではない。身を隠しながらも田んぼの肥料をいっぱい吸って、来たるべきときに備えて着実に準備しているのである。

やがてタイヌビエが正体をあらわすときがやってくる。タイヌビエは蓄えた力で一気に茎を伸ばして、イネが出穂《しゅっすい》する前に穂を出してしまうのである。その登場はあまりにも鮮やかである。タイヌビエとイネとはもともとまったく別の種類だから、穂の形は似ても似つかない。本性をあらわしたタイヌビエの存在に人間が気がついたときはもう遅い。タイヌビエはあっという間にバラバラと田んぼ一面に種子を落としてしまうのである。

宝石を守っていた多くの警官の一人こそが、実は変装した怪盗だった。そんな探偵小説を思わせるほどの鮮やかな変身に、高々と穂を伸ばしたタイヌビエの高笑いが聞こえてきそうである。きっと来年も多くのタイヌビエが芽生えて、草取りする人間を苦しめることだろう。こうなると人間にできるのは、歯ぎしりすることだけなのだ。

タイヌビエはこの勝利の味が忘れられなくなってしまったのだろう。特殊な環境である田んぼでのサバイバル術を徹底的に発達させるうちに、ついには田んぼ以外の場所では暮らせなくなってしまった。不思議なことにタイヌビエは田んぼ以外の場所ではほとんど見ることはできない。田んぼの外で生きる術を忘れてしまったタイヌビエにとって、皮肉なことに敵対しているはずの人間はなくてはならない存在になってしまったのだ。

水田で繰り広げられる知恵くらべ。人間とタイヌビエとは、もうこんな戦いを何千年にもわたって繰り広げてきた。まさに伝統の一戦と呼ぶにふさわしい戦いである。タイヌビエはもはや人類の永遠のライバルであるといってても言いすぎではないだろう。

ウキクサ

浮草《うきくさ》　ウキクサ科

浮き沈みのある浮き草稼業

よりどころのない不安定な仕事は「浮き草稼業」といわれる。それでは、本物のウキクサはどのような生活をしているのだろうか。

ウキクサはその名の通り、水の上に浮かんで暮らしている。気楽なものである。その形も葉っぱが一、二枚浮いていて、ひっくり返すと葉の裏から根が出ているだけの、いたって単純なものだ。種子を作る高等植物のなかでは、もっとも体が小さいのがこのウキクサの仲間である。こんなちっぽけなウキクサに生きる工夫などあるのだろうか。

しかし、ちょっと待ってほしい。葉から根が出ているというのは少し奇妙だ。実はウキクサの葉に見える部分は茎である。体の構造をできるだけ単純にするため葉は退化し、代わりに茎を葉のように発達させて、茎と葉の両方の機能を兼ねる「葉状体《ようじょうたい》」という器官を作り上げたのである。

単純に見えるこの葉状体にも工夫が詰まっている。葉状体のなかは、空気をためるための細かな気室が並んでいる。ここに空気をためて浮き袋のように水に浮かぶのである。

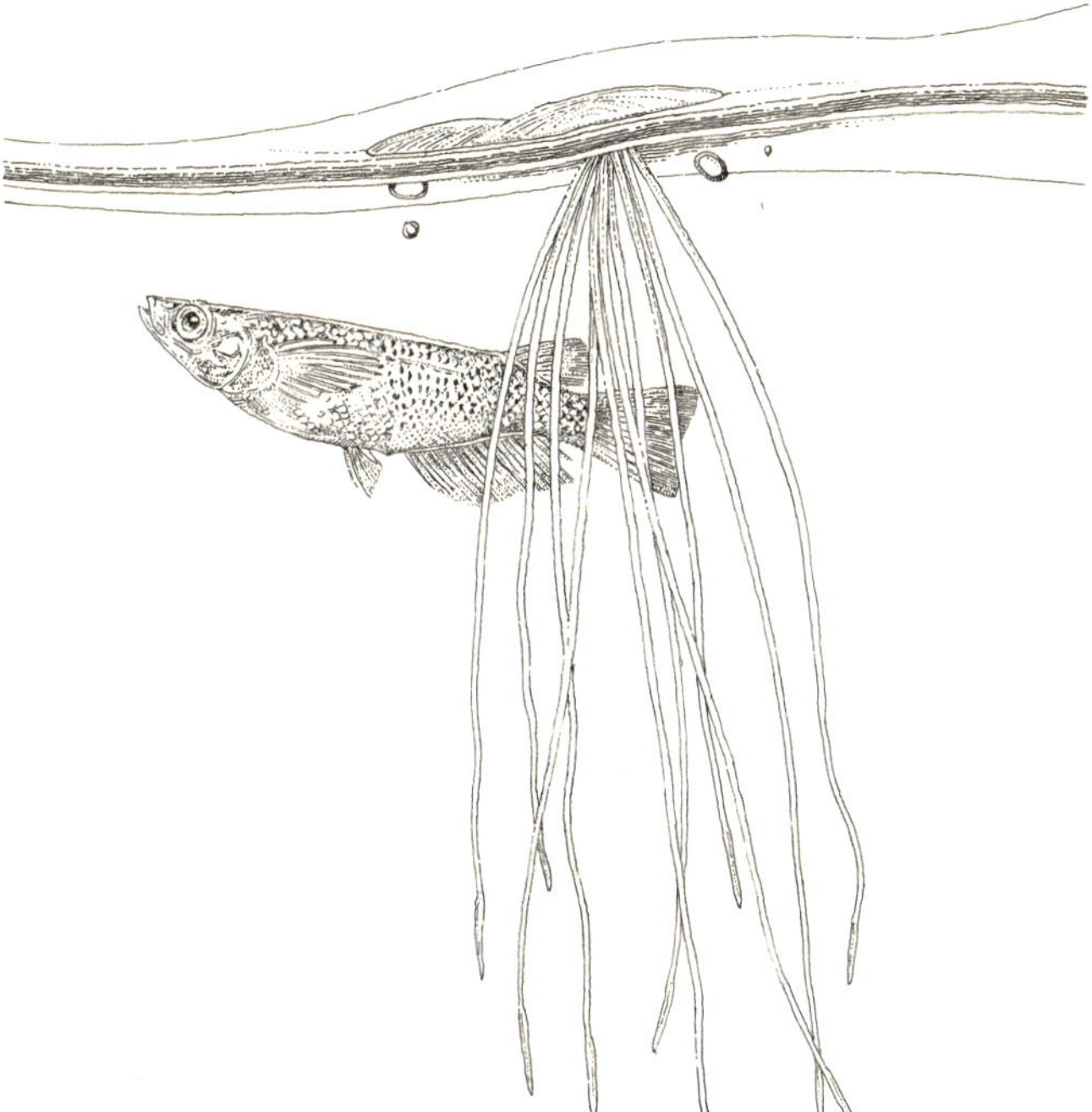

しかし、いくら浮かぶとはいっても、こんな小さな葉状体では、わずかな波に飲みこまれて転覆してしまう。そこで、葉状体の裏側からは長く伸びた根が水中へと垂れ下がっているのである。

水は潤沢にあるから、水を求める必要はない。浮かんでいるだけだから体を支える必要もない。そもそもウキクサは、地上の植物のように根を長く伸ばす必要がないのだ。それでも小さな体に似合わず長い根を伸ばすのは、錨のような役割をさせて体を安定させるためである。実際にウキクサの根は重たく、水に沈むようになっていて、根の先端には「根帽《こんぼう》」と呼ばれるふくらんだ重りまでついている。地に足がつかない浮き草暮らしでも、やはり根は大切なのだ。

それだけではない。葉状体の表面には細かい毛が無数に生えていて水をはじく。逆に葉状体の裏側は水に吸いつきやすくなっている。念には念を入れて安全を図っているのである。だから、ウキクサが転覆して表裏が逆になるようなことはめったに起こらない。

〽水にただよう　浮草に　おなじさだめと　指をさす

演歌「みちづれ」の歌詞にあるようにウキクサの不確かな存在に自らを重ねあわせる

人も少なくない。しかし、なにも大船に乗る必要はない。吹けば飛ぶような小さなウキクサでさえ、工夫すればつぎつぎに押し寄せる波を乗り越えることも可能なのだ。

葉状体は、つぎつぎに新しい葉状体を生み出しながら、まるで細胞が分裂しながら増殖するように増えていく。夏になって日差しが強くなり、温度も上がると、さらに増殖のスピードは加速していく。そしてあっという間に田んぼの水面を覆い尽くしてしまうのだ。その増殖率はすさまじい。計算によると百日間で四百万倍にも増えるといわれている。

田んぼ一面を埋め尽くしたウキクサは、太陽の光を遮って水温を下げてしまう。さらには植物プランクトンの光合成を抑えて水中の酸素を減らしてしまう。あなどるなかれ、ウキクサはごく小さな体ながら、イネに被害を与えるほどの力を持っているのである。

しかし、気ままに見える水上生活にも不都合はある。冬になると水面を氷が覆ってしまうかもしれないのだ。そのため、冬の訪れを前にしたウキクサは、越冬用の芽を作って水の底へ沈んで避難する。浮いているだけが能ではないのだ。そして温かな水の中で冬を越し、春が訪れると、ふたたび浮かび上がって新しい芽を出すのである。夏場はしっかり稼いで、冬は沈んで寝てしまう。まさに、浮き沈みの激しい生き方である。しかし、それも戦略のうちなのだ。

浮き草稼業といっても、ウキクサの暮らしは決してばかにしたものではない。

ヒルガオ

昼顔《ひるがお》　ヒルガオ科

アサガオだけには負けたくない

ヒルガオは「昼の顔」の意味である。昼顔が日中咲くのに対して、花が咲く時間によってアサガオ（朝顔）もユウガオ（夕顔）もヨルガオ（夜顔）もある。ヨルガオは、本当は夕方に咲くのだが、ユウガオに名前を先に取られてしまったので夜の顔で妥協した。ちなみに先にユウガオを名乗ったのはかんぴょうの原料になる野菜である。ヒルガオも本当は早朝から咲くのだが、午後まで咲いているので昼顔と呼ばれている。

この四つの「顔」のつく植物のなかではアサガオがもっとも親しまれているだろう。夏休みの庭を彩るアサガオは、子どもたちの観察日記の定番でもある。なじみの薄いヒルガオは、アサガオの偽物のように思われている方もいるかもしれないが、本家はどちらかと問われれば、実はヒルガオのほうである。ヒルガオは古くから日本に自生していた。『万葉集』では容花《かおばな》の名前で登場する。「容《かお》」とは美しいという意味である。万葉時代の人々は、ヒルガオの美しい桃色の花を愛でていたのだろう。

しかし、間もなくライバルがあらわれた。遣唐使が大陸からヒルガオによく似たアサガオを持ち帰ったのである。やがて、江戸時代には一大ブームを巻き起こすまでに、アサガオの人気は急上昇した。こうしてアサガオに対して容花は昼限定のヒルガオと呼ばれるようになってしまったのである。しかし、今でも図鑑を見ると、アサガオ、ユウガオ、ヨルガオはヒルガオ科の植物として紹介されている。ヒルガオの仲間たちと位置づけられているのだ。

四つの顔のなかではヒルガオだけが雑草で、残りはすべて栽培植物である。アサガオとヒルガオとは見た目にはよく似ているようにも思えるが、やはりヒルガオは雑草だけに力がある。その本性はアサガオとは比べものにならないくらいたくましいのだ。

アサガオの観察日記を思い出していただきたい。双葉が出た後に本葉が出る、そしてつるが伸び出すというのが観察日記の順序である。ところが、ヒルガオは違う。双葉が出た後は本葉が出るよりも先に、つるを伸ばしてしまうのだ。雑草として生きるためには、ライバルの植物よりも少しでも早く伸びることが必要である。だから、葉よりも先につるを伸ばすのだ。まだ本葉も出ていないから栄養は決して十分ではない。伸ばすのはひょろひょろとした、ごく細いつるである。しかし、ヒルガオの茎は自分の力で立つ必要はない。ほかの植物に巻きついてよりかかればいいので、茎は細くて十分なのだ。茎を太くするよりも、少しでも茎を長く伸ばすほうがいいのである。そして、ほかの植

133　ヒルガオ

物に抜きん出て光を独占してしまうのだ。

ヒルガオとアサガオとは、ほかにも大きな違いがある。アサガオは夏が過ぎると枯れて死んでしまう。一方のヒルガオも地上部分は枯れてしまうが、決して死ぬことはない。地中深く根茎を張り巡らせて、冬の間も生き続けるのである。そして翌春には地下茎から芽を出して、ふたたび生長をはじめる。地下茎があるので、いくら地上部分が引き抜かれたり刈られたりしても、取り除くことはできない。だからヒルガオが畑に侵入すると実にしつこい雑草となる。

ところで、畑ではトラクターで大規模な耕起が行なわれるが、せっかく張り巡らせた根茎は壊されてしまわないのだろうか。心配は無用である。かえって、耕起作業はヒルガオの望むところなのだ。たしかにトラクターのロータリーによってヒルガオの根茎はズタズタに切断されてしまう。しかし、恐るべきことにヒルガオは切断されたすべての根茎から再生してくるのだ。一本の根茎は分断されて、結果的にヒルガオは数を増やしてしまうのである。たとえてみれば、ホラー映画に出てくる不死身の化け物のようなものだ。腕を切っても足を切っても体を再生してしまう。それどころか切り落とした手足まで再生して、数が増えていくのだから、相当手強い化け物である。

増え方も尋常ではない。学究心に富んだ研究者が丹念に追跡調査した結果、ちぎれた根茎の一つの芽が、わずか二年後には五メートル四方を覆うくらいの根茎を張り巡らせ、五万五千個の芽を持ったという。切断された怪物の一本の腕が再生して五万五千匹の怪物になってしまったのだ。

これが映画だったら、なんと現実離れした設定かと興ざめしてしまうだろう。しかし、ヒルガオの能力はこれが現実である。畑や土手を埋め尽くし、一面に広がっているヒルガオが、もともとはちぎれた根茎の断片に過ぎなかったということも十分ありうるのである。

日本の各地に広がっているヒルガオも、もとをただせばたった三本の茎に由来するとも、半ば伝説的に語られている。まるでアダムとイブの物語だ。

ヒルガオの花にはチョウやハチが多く訪れるが、不思議なことに種子をつけることはめったにない。植物には近親交配を避けるために、自分の花粉では種子を作れないしくみを持っているものが多い。たくさん咲いているヒルガオも、すべてクローンで増えた自分自身なので種子が作れないのではないか、とも囁かれている。本当だろうか？　真相は闇の中、いや土の中である。

カモガヤ

都会をいろどる牧場の緑

鴨茅《かもがや》　イネ科

あちらこちらで牛がのんびりと草を食んでいる。見渡す限りの草原をさわやかな風が吹き抜ける。窮屈で忙しい都会の日常生活から、そんな牧歌的な風景のなかに逃げ出したいと思っている方も多いだろう。

そのすべてとはいかなくても、牧歌的風景の一端には街なかでも出会うことができる。それが街なかの牧草たちである。実は、都会の道端や空き地などに見られるイネ科の雑草の多くは、もとは牧草として活躍した経験を持っている。牧歌的風景を夢見る都会の現代人とは逆に、牧草たちは牧場を逃げ出して都会にやってきたのだ。

牧草にはイネ科の植物が多い。そもそもイネ科の牧草は、草食動物に対抗するために進化を遂げてきた植物である。

植物の生長点は一般的に茎の先端にある。しかし、それでは茎の先端を食べられると生長が止まってしまう。そこでイネ科の植物は生長点を株元に配置することを考えた。一番低いところで生長点を守りながら、上へ上へと葉を押し上げる生長に切り替えたの

である。これならば、先端をいくら食べられても生長を続けることができる。

さらに、葉は食べにくいように繊維を発達させてかたくした。しかし、草食動物も負けてはいない。そのかたい繊維を消化するために、牛は四つの胃を持つようになったのである。イネ科の植物の進化によって、牛もまた進化を遂げたのである。

しかし何という皮肉だろう。草食動物に対抗するために進化してきたイネ科の植物は、牛に食べられても、何度刈り取っても、すぐに再生してくるため、牧草としてもっとも適した植物として重宝がられるようになってしまった。イネ科の植物の血のにじむような努力は、完全に裏目に出てしまったのである。

明治時代になると、日本の牧場には外国からさまざまな牧草が導入された。しかし、牛に食べられ続ける生活にやるせなさを覚えてか、イネ科の牧草はしだいに牧場の外へ生活の場を求めていった。そして、道端や空き地などの雑草として広がり出したのである。

カモガヤも牧場を抜け出した牧草の一つである。牧場では「オーチャード・グラス」というしゃれた名前で呼ばれていた。生育が旺盛で栄養価の高いオーチャード・グラスは牧草のなかでも優等生である。しかし、牧場の外で雑草化したオーチャード・グラスはカモガヤという名で呼ばれている。オーチャード・グラスは穂の形がニワトリの足のように見えるので、「コックス・フット・グラス（ニワトリの足の草）」とも呼ばれている。ところが、コック（ニワトリ）をダック（カモ）と間違えられて、カモガヤと名づけられてしまったのだ。カモガヤの雑草生活は、とんだ勘違いからスタートしてしまったのである。

しかし、気炎を上げて都会に乗り出したイネ科の牧草たちは、いま勢い余って花粉症の原因として問題になるまでに繁栄している。カモガヤはまさにその主犯格である。

イネ科の牧草が進化した草原地帯に虫は少ない。代わりに風だけは休むことなく吹きすさんでいた。そのため、イネ科の牧草は風で花粉を運ぶ道を選んだのである。ただ、風で花粉を運ぶ方法は非効率なので、どうしても多めに花粉を生産しなければならない。人間の苦しみにおかまいなく、カモガヤは膨大な量の花粉をばらまく必要があるのである。

しかしである。あれだけ牧草がたくさんある牧場地帯で、花粉症は大きな問題にならないのに、なぜ都会ではこれほどまでに深刻な問題となるのだろう。

水分を含む土の上に落ちた花粉はふたたび舞い上がることはない。そのため土の豊富な牧場地帯では、風に舞った花粉も地面に落ちてしだいに数が減っていく。ところが、都会には土が少ない。乾燥したアスファルトやコンクリートに落ちた花粉は、風が吹くたびに何度も何度も舞い上がる。行き場を失って空気中をさまよう花粉は増え続けながら、何度となく人間に襲いかかるのである。

たしかにイネ科の牧草は花粉症の原因となる植物である。しかし、その責任はすべてイネ科の牧草だけにあるといえるだろうか。

美しい田園風景だった大地はアスファルトやコンクリートで塗り固められ、人間たちは無秩序に道路や建物を作っていった。そんな都会を緑で覆おうと、都会の牧草たちはわずかに残った土を選んでたくましく生きている。おそらくは脳裏になつかしい牧場の風景を思い描きながら、ふるさとを離れた牧草たちは、懸命に緑の復権に挑戦しているのである。

乾燥した地面をすばやく緑で覆う能力が認められて、イネ科の牧草は道路の法面や護岸、緑地などの緑化植物としても重宝がられている。

緑の復元が叫ばれ、開発によって自然が壊された場所では、柵を緑色に塗ったり、緑のネットで裸地を覆う笑い話のようなことが行なわれた。しかし、イネ科の牧草による緑化も似たようなものである。

ふるさとの山を削り取り、野を埋め立ててから、イネ科の植物で覆い隠すだけでは、緑は戻っても、昔からあったふるさとの豊かな自然は二度とは元に戻らない。むしろ緑色の柵のほうが、苦肉のごまかしと誰にでも分かりやすいだけ問題は少ないというべきだろう。ところ構わず種を播かれて酷使されているイネ科の牧草にとっても、いい迷惑である。

そんな生活をカモガヤたちイネ科の牧草はどう思っているだろう。平凡な牧場での生活に戻りたいと嘆いていなければよいのだが。

カラスムギ

烏麦《からすむぎ》　イネ科

東京―大阪間を結ぶど根性

「ツバメがカラスから進化した」といったらどうだろう。信じてもらえるだろうか。ただしこれは鳥の話ではなく、麦の仲間の話である。烏麦《からすむぎ》という雑草がある。このカラスムギを改良して作物にしたものがツバメの麦、燕麦《えんばく》なのである。

作物は人間の手によって改良が加えられ、有用な長所を伸ばしてきた。一方、雑草は人間によって拓かれた土地に侵入し、人間との戦いをとおして著しい進化を遂げた。作物と雑草とは相対するものであるが、作物も雑草も人間とのかかわりによって驚異的に進化した植物であるという点では共通している。だから、作物だった植物が人間の管理から逃げ出して雑草になったり、雑草だった植物がその有用性を人間に見出されて作物になったり、ということがしばしば起こっている。

カラスムギはもともと競合して麦の生育を抑えてしまう麦畑の困りものの雑草だった。しかし、昨日の敵は今日の友。視点を変えれば、その強さは長所でもある。カラスムギは麦よりも環境に強く、栽培しやすい。麦の栽培が困難な地域でも生育が可能なのだ。

143　カラスムギ

かくして雑草だったカラスムギは作物として認められ、人間に利用されやすいように進化した。そしてできたのがエンバクである。

作物として人類のパートナーとなったエンバクは、いくつかの特長を持っている。エンバクは確実に収穫できるように種子が熟しても落ちにくい。また、種子を播けばすぐにそろって芽が出てくる。当たり前のようにも思えることだが、人間に従うためにその特長を発達させたのである。

一方、雑草であるカラスムギはまったく違う。種子は熟せばすぐに落ちてしまう。草取りで抜かれたりしようものなら、その途端にバラバラと種子をばらまいてしまう。カラスムギの種子の長くねじれたのぎ（芒《のぎ》＝種子の殻にある針状の毛）は、土に落ちると乾燥して形状記憶合金のようにねじれがほどけていく。そしてドリルのように回転しながら土の中に潜っていくのである。

作物ならば、人間が種子を播き、その上に土を掛けてくれるだろう。誰の助けも借りないのが雑草のプライドである。

カラスムギは種子も決してそろっては芽を出さない。そろって芽を出すと一度に除草されてしまうから、芽を出す時期をずらしているのだ。だから、抜いても抜いてもつぎからつぎへと新しい種子が芽を出してくる。人間に従順なエンバクと比べると、カラスムギはまったく人間の思うようにならないひねくれものである。しかし、この反骨によって雑草は人間との長い歴史のなかで成功を収めてきたのだ。

作物は生きるのに不自由することはない。肥料も水もふんだんに与えられる。しかし、その生育はきめ細かく管理されている。一方、雑草であるカラスムギに水や肥料を与えてくれる人はいない。しかし、どこに生えるかは限りなく自由である。作物のエンバクと雑草のカラスムギ、あなたはどちらの生活に、よりあこがれるだろうか。

カラスムギの性根を推し測ろうとしたのか、カラスムギの根っこの長さを調べた研究者がいる。カラスムギの根は「ひげ根」と呼ばれる密生した細かい根からなっている。この細かい根っこをつなぎあわせた長さを測ったのである。

驚くべきことに、その根っこの長さは五五〇キロメートル以上にもなったという。これは東京から大阪の距離にほぼ匹敵する。ものすごい数字である。カラスムギもすごいが測った人もすごい。まさに根気というべきだろうか。

根は土の中にあって目に見えない。しかし、この目に見えない部分がカラスムギの実力なのである。これだけの根が大地をしっかりと抱えているのだ。引っ張っても簡単には抜けないはずである。これこそが、カラスムギのど根性といっていいだろう。

エノコログサ

狗尾草《えのころぐさ》　イネ科

逆輸入されたターボエンジン

誰でも知っている道端の雑草といえば、ネコジャラシがその代表だろう。ネコジャラシの標準和名はエノコログサである。

道端のエノコログサは、道草をくって遊ぶ子どもたちの必須アイテムである。エノコログサの花ことばは「遊び」。毛の多い穂をひげや毛虫に見立てて遊んだり、他人のシャツのなかに投げ込んで驚かせるいたずらをした経験《けいけん》は誰にでも一度はあるだろう。

エノコログサは「C_3」回路と呼ばれる通常の光合成回路とは別に「C_4」回路という高性能の光合成システムを持っている。通常の光合成回路は太陽の光を受ける葉のなかにあるが、このC_4回路は茎のなかに配置されている。C_4回路は二酸化炭素を濃縮して、C_3回路に送り込む役割をしているのだ。このしくみによって、光合成能力は約二倍にまで高めることができる。圧縮した空気を大量に送りこむことで出力を上げる発想は、まさにターボエンジンと同じである。

C_4回路は光合成能力を最大限に引き出し、フルパワーで光合成を行なうことができ

147　エノコログサ

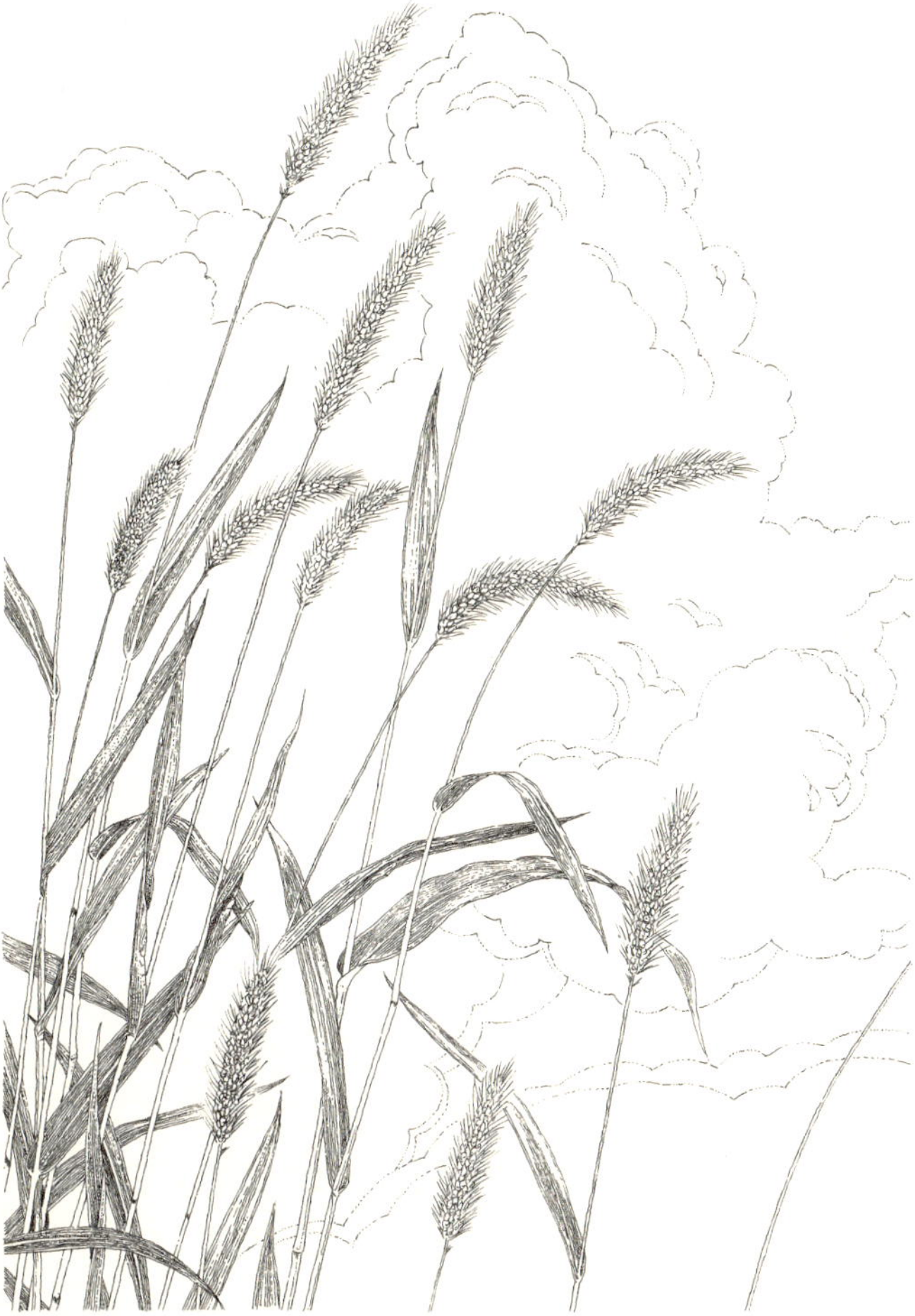

る。イネ科の雑草の多くはこのC_4回路を持っているので、高温・高日照の夏になると、がぜん勢いよく生い繁る。さらにこの光合成システムは水の量を節約することができるので、C_4回路を持つ雑草は乾燥した場所でも平気である。

ところが、ターボエンジンは燃料を多く必要とするように、実はC_4回路も高い光合成能力を維持するために高いエネルギーを必要とするという欠点がある。光合成のエネルギーとなる強い日光と高い温度があれば、C_4回路を持つ光合成システムは高い能力を発揮する。しかし、光が弱まったり、温度が下がると十分に機能することができない。ちょうどターボエンジンを積んだポルシェがのろのろ運転で徐行するような感じになってしまう。宝の持ち腐れになってしまうのだ。だから、熱帯では圧倒的に有利なC_4回路を持つ植物も、日本のような四季のある気候では、つねに有利性を十分に発揮できるわけではない。

ところでエノコログサの名は、穂のふさふさした感じが犬ころのしっぽに似ていることから名づけられた。英語では「フォックス・テイル（きつねのしっぽ）」と呼ばれている。漢名では狗尾草、これも犬のしっぽである。エノコログサは熱帯から温帯まで世界中のあらゆる場所に広く分布している。文化や人種、言語が違ってもネコジャラシを見たときのイメージは世界中一緒なのがうれしい。

149　エノコログサ

最近増えているエノコログサの仲間にアキノエノコログサがある。エノコログサは穂が小さく、夏の炎天でピンと穂を立てている。夏、子どもたちが草遊びに使うのがこのエノコログサである。これに対してアキノエノコログサはその名のとおり、秋になると目立ち始める。こちらは穂が長く、穂先がだらんと下がるのが特徴だ。少年たちの季節はピンと立っていて、秋風が吹くようになるとだらりと垂れ下がる。もちろん、男のいちもつの話ではなく、エノコログサのことである。

アキノエノコログサは東アジア原産の雑草だが、いつのころからかアメリカに渡って雑草として広がっている。しかし最近、そのアメリカで広がったアキノエノコログサが、ふたたび東アジアの日本に逆輸入されるという事態が起きている。アメリカで広がったものが、輸入穀物などと一緒につぎつぎと日本に入ってきて、日本で広がっているのである。日系アメリカ人が日本人と同じ顔をしているように、アメリカから侵入してきたアキノエノコログサは一見すると区別がつかないが、大きさが一まわり大きいところが区別点であるらしい。日系アメリカ人も日本人に比べると体が大きいが、エノコログサも同じである。やはり、食べ物が違うからだろうか。

太平洋を行き来したターボエンジンは全開だ。世界を駆け抜けるエノコログサに国境などないのである。

オオブタクサ

ミクロもマクロも自由自在

大豚草《おおぶたくさ》　キク科

ウルトラマンシリーズのヒーロー、ウルトラセブンは身長四〇メートルから等身大、はてはミクロサイズまで、敵に合わせて体の大きさを自在に変化させることができる。

ウルトラセブンほどではないにしても、雑草の多くは環境に応じて大きさを変化させる能力を持っている。適した環境ではぐんぐんと大きく育つが、劣悪な環境では一転して小さな体を作る。「可塑性《かそせい》」と呼ばれるこの変わり身の早さが雑草の強さである。同じ種類の雑草でも、環境が異なるとまったく違う種類に見えることも少なくない。

そんな雑草のなかでもオオブタクサのサイズを変化させる能力は天下一品である。オオブタクサは大きくなると草丈は六メートル以上にもなる。六メートルの雑草というのは驚異的な大きさである。もっとも、大きな植物はほかにいくらでもあるから、六メートル程度の大きさでは驚かない人もいるかもしれない。

しかし考えてみてほしい。背の高い木々は何年もの時間をかけて大きくなっている。一方のオオブタクサは一年以内にその生涯をまっとうする一年草なので、小さな種子からわずか数カ月の短い期間で一気に生長するのである。オオブタクサのすごさはそこにある。

竹も短期間で大きくなるが、隣の竹と地下茎でつながっていて栄養分をもらっている。庭のアサガオもよく育つと二階に届くようになる。しかし、つる性の植物は支柱を頼りにしているので茎を強くする必要がない。そのぶん、節約したエネルギーを使ってどんどん伸ばすことが可能なのだ。オオブタクサにはそんなけれんみは微塵もない。頑強な太い茎で自分の力だけで立っている。

ヒマワリはどうだろうか？　残念ながらヒマワリに言いがかりをつけることはできない。ヒマワリもまた、オオブタクサと同じようにすごいとエールを送っておこう。だが、大きくなるばかりが能ではない。条件が悪いとオオブタクサは一転して小さくなる。わずか数十センチ程度で花を咲かせることもできるのだ。さすがのヒマワリもこんなに小さな草丈で花を咲かせることはできないだろう。

どんなに小さくても必ず花を咲かせ実を結ぶのが雑草の真骨頂である。劣悪な環境で小さな花を咲かせる雑草の姿に心を打たれる方も多いだろう。しかし小さな花を咲かせるだけではない。条件がよければどこまでも旺盛に生育し、つぎつぎに花を咲かせられることも、雑草の評価すべき能力である。大きい個体は大きいなりに、小さな個体は小

153　オオブタクサ

さいなりに、雑草は確実に花を咲かせ種子を残す。要は与えられた条件のもとで自分の能力を最大限に発揮しているのである。

ただし、好条件でどんどん大きくなることに問題は少ないが、小さくなって成功するには少し知恵を使う必要がある。オオブタクサの株は雄花と雌花の両方を持っているが、小さな個体はわずかな花しかつけることができない。もし、限られたエネルギーで雄花と雌花とどちらかしか咲かせられないとしたら、どちらを選ぶほうがより賢明だろうか。

この場合、一般的には多くの植物が雄花をつける。実をならせ種子を作るには多大なエネルギーを必要とする。しかし、微細な花粉を作ることはそれほど大変ではない。花粉がほかの花に運ばれれば、それだけで難なく子孫を残すことができるからである。子孫を残すという点では雄花をつけるほうが省エネルギーなのだ。

ところが、オオブタクサの小さな個体は雌花をつける。その理由はオオブタクサが風で花粉を運んでいることによる。オオブタクサの雄花は鈴のように下向きに咲いて、風に花粉を降り注ぐ。だから、小さな個体が地面に近いところで雄花を咲かせたとしても、風に乗って遠くへ飛んでいく可能性は低い。ところが、雌花であればどうだろう。高いところから大量の花粉が降り注いでくるではないか。

オオブタクサはキク科の雑草である。タンポポに代表されるようにキク科の植物は高度に進化した花を持ち、巧みに虫を利用して効率よく花粉を運ぶ。ところが同じキク科でも、オオブタクサは風によって花粉を運ぶ方法を選んだ変わりものである。

通常、オオブタクサの体は大きく、その力は他の植物を圧倒している。そのため、邪魔ものもなく一面にオオブタクサの群落を作ることができるのである。そんな状況では、ちまちま虫に花粉を運ばせるよりも、風で一度に花粉を運んだほうが効率がいい。最新の進化形を捨て、一見、古くさい方法を選んだ自信こそ、実力者の証しなのだ。

それにしても「大豚草」とはひどい名前をつけられたものだ。オオブタクサは花粉症に悩む人にはすっかりおなじみの名前だろう。花粉を風で運ぶ風媒花なので、大量の花粉をあたりかまわず撒き散らす。すっかりブタよばわりされてしまったが、日本中に花粉を撒き散らし、しっかりと制空権を握っている。宮崎駿監督のアニメ映画「紅《くれない》の豚」には「飛ばねえ豚はただの豚だ」という名セリフがあるが、オオブタクサは完全に飛んでいるブタである。

体もでかいが態度も相当でかい。人々を苦しめる大怪獣のようなこの巨大なブタを退治してくれるウルトラ戦士はあらわれないものだろうか。

イチビ

茼麻《いちび》　アオイ科

地球をまわってジパングを目指せ

かつてマルコ・ポーロはシルクロードを旅して中国にたどりつき、黄金の国ジパングに心惹かれながら、ついに訪れることはできなかった。

時代を経てコロンブスは、黄金の国ジパングを夢見てスペインから大西洋へ出航したが、その道のりは予想以上に遠く、最後はアメリカ大陸に到着しただけだった。東回りと西回りにそれぞれが日本へ向かったが、ついにはかなわなかったのである。この偉人たちと同じ夢に挑戦した雑草がイチビである。

イチビの原産地はインドである。イチビはふるさとのインドを起点にして、東回りのルートと西回りのルートで日本を目指したのだ。さて、イチビにはどんな冒険が待ち受けていたのだろうか。

イチビはもともと雑草だったが、繊維をとることを目的に、しだいに栽培も行なわれるようになっていった。イチビの栽培は、シルクロードを通って東方へと伝えられ、やがてユーラシア大陸東端の中国まで到達した。今から四千年も昔のことである。当時の

157　イチビ

中国は進んだ文明を誇っていた。イチビは中国の高い技術のもとで繊維作物として改良が進められ、飛躍的に進化を遂げたのである。カルチャーショックにあってすっかり垢抜けてしまったといったところだろうか。

中国で作物としての地位を確立した東回りのイチビは、ついに日本に伝えられることになる。先進地の洗練された作物を、日本人はおそらくＶＩＰ待遇で迎えたことだろう。やがて日本でもイチビは繊維作物として栽培され、縄や袋の材料や火口《ほくち》として利用された。

しかし時代は移り、現代ではイチビの栽培はすっかりすたれてしまった。放置されたイチビは逃げ出して、ふたたび雑草となったものの、もはや野性味を失ってしまったイチビは、荒れ地や道端などにまれに見かける程度にまで落ちぶれてしまったのである。

一方、西回りに伝播していったイチビはどうだっただろう。こちらは本来の「雑草」として勢力を広げながら、ユーラシア大陸西端のヨーロッパに到達した。そして近代になって、アメリカン・ドリームを求める開拓者たちとともに大西洋を渡り、ついにはアメリカ大陸にたどりついたのである。

新天地に渡ったイチビには、実にサクセス・ストーリーが待っていた。広大なトウモロコシ畑がイチビの大成の場となったのである。

イチビは通常一メートルくらいの高さであるが、トウモロコシと競って伸びると、二、三メートルにもなることが可能である。これだけ伸びることができる雑草はトウモロコシ畑にはほかにいない。さらにイチビの根から分泌される成分はほかの植物の生育を阻害する作用を持っている。「アレロパシー」と呼ばれるこの能力によって、イチビは生育が旺盛なトウモロコシと対等に渡り合えることができた。かくしてイチビは実力派雑草としての地位を築いたのである。

しかし、この西回りのイチビはごく近年になってもまだアメリカにいた。コロンブスと同じくアメリカ大陸でその旅は終わってしまうのだろうか。さにあらず、物語には劇的な結末が待っていた。それもアメリカのトウモロコシ畑にいたはずのイチビが、ある日突然、太平洋を隔てた日本のトウモロコシ畑にあらわれたのである。

どんなトリックがこの離れ業を可能にしたのだろう。テレポテーションでも使ったというのだろうか。

日本は大量のトウモロコシをアメリカから輸入している。実は、イチビの種子はアメリカで収穫されたトウモロコシに紛れて日本にやってきたのである。もちろん、ここまでは決して特別な話ではない。物流が盛んな現代では、さまざまな雑草の種子が外国からの荷物に紛れて日本にやってくる。しかし、日本にやってきた雑草は空港や港のまわりに一時的に身を寄せながら、少しずつ分布をその周囲へと広げていくのがふつうである。ところが、イチビはそんな苦労もなく、畑の真ん中に忽然とあらわれたのである。

そのカラクリはこうである。輸入されたトウモロコシの多くは家畜の餌にされる。トウモロコシに混じって日本に侵入したイチビの種子は、牧場に運ばれて、なんとトウモロコシと一緒に牛に食べられてしまったのである。しかし、イチビの種子は皮がかたいので消化されない。そのため、牛の消化器官を通って糞《ふん》と一緒に体外に排出されたのだ。そしてイチビの種子を含んだ牛糞が肥料として畑に散布《さんぷ》されたというわけだ。こうして、アメリカのトウモロコシ畑からみごとに日本のトウモロコシ畑へと瞬間移動を遂げてしまったのである。

黄金の国ジパングを目指す壮大なロマンを実現したイチビだが、先にたどりついた東回りのイチビと、遅れてきた西回りのイチビとでは、どうやら明暗が分かれてしまった。しかし、どちらのイチビもインドを出発し、みごとに日本の地にゴールした。そして、このイチビの数奇な旅によって地球が丸いことがあらためて証明されたのである。

マツヨイグサ

待つ身のせつなさ、たくましさ

待宵草《まつよいぐさ》　アカバナ科

夜はどこか人恋しくなる。

こんなすてきな夜は、白馬の王子が迎えに来てくれるのでは、と待ち続ける乙女もいるだろう。そんな幻想的な夜を演出《えんしゅつ》してくれるのが、マツヨイグサである。ドイツ語では、「ナハト・ケルチェ（夜のロウソク）」と呼ばれるこの花は、闇のなかに鮮やかな黄色を浮かび上がらせ、ロマンティックなムードをいやがおうでも盛り上げる。

待てど　暮らせど　こぬひとを　宵待草《よいまちぐさ》の　やるせなさ

竹久夢二が「宵待草」と呼んだのも、マツヨイグサの花である。待つということは、どこかせつなく、そして美しいのだ。

夜の帳《とばり》の降りるのを待ち続けたマツヨイグサは、夕暮れになると一斉に咲き出す。パラボラアンテナのように折り畳まれた花を、肉眼でもわかるスピードで連続写真のように開くのだ。いかにも待ちわびた風で、一幅の絵を見ているようでもある。とくに花の大きなオオマツヨイグサの開花シーンは圧巻だ。

マツヨイグサが待っているのは、白馬の王子でも恋い焦がれた人でもない。花粉を運んでくれる虫である。昼間は花粉の種類を運んでくれる虫の数も多いが、花の数も多いから競争が激しい。加熱する勧誘合戦を避けて、マツヨイグサは競争相手の少ない夜咲く道を選んだのだ。夜は虫の数も少ないが、ライバルとなる花も少ないので数少ない虫を独占できるのである。マツヨイグサはスズメガという蛾に花粉を運んでもらっている。

「宵待草のやるせなさ」と歌われたマツヨイグサだが、その実はただやるせなく待っているわけではない。マツヨイグサの黄色い花色は暗闇で鮮やかに浮かび上がる。黄色は暗いところでも目立つ色である。幼児の傘や、自転車の反射テープが黄色をしているのも暗いところで目立つためだ。ただ、目立つとはいっても、夜は視界が悪い。だから、マツヨイグサはその美しい花色だけでなくブドウ酒にも似た強い香りを放ち、スズメガを呼び寄せるのである。美女が香水で男を酔わせている、というよりも、うなぎ屋が香りで客を呼び寄せているというほうがぴったりだろうか。こうなると幻想的な夜どころではない。当のマツヨイグサは、あの手この手の誘客作戦に必死なのだ。

体に花粉をつけたスズメガが花から離れようとすると、まるでつぎからつぎへと万国

旗が出てくる手品でも見るように、花粉がつながって出てくる。花粉を粘着糸と呼ばれる糸でつないで、全部運ばせてしまおうというマツヨイグサの策略なのである。待った分だけ思いは募る。後を引く別れとはまさにこんな感じなのだろう。

花を鮮やかにしたのは暗い夜でも目立ってスズメガを引きつけるためである。ところが、思いがけず作家先生までも引きつけてしまった。

「富士には、月見草がよく似合う」

太宰治が『富嶽百景』にそう記した月見草は、実際にはマツヨイグサの仲間だったろうといわれている。

「さっと、バスは過ぎてゆき、私の目には、いま、ちらとひとめ見た黄金色の月見草の花ひとつ、花弁もあざやかに消えず残った。三七七八メートルの富士の山と、立派に相対峙し、みじんもゆるがず、なんと言うのか、金剛力草とでも言いたいくらい、けなげにすっくと立っていたあの月見草は、よかった。富士には、月見草がよく似合う」

かつて、こんなにも高い賛辞を浴びた雑草がほかにあっただろうか。

待つことは受け身の行為である。時に不安になることもある。しかし、暗闇のなかにあっても、おびえることなく凛として待ち続けていれば、巨大な富士山と同じくらいの確かな存在感を得ることができるのだ。

クズ

葛《くず》　マメ科

もう「くず」とは呼ばせない

「人間のくず」というと、ずいぶんと無能な感じがする。実は雑草にも「くず」がいる、といっても「屑《くず》」ではなく、「葛《くず》」という名前の植物である。

クズは昼寝をする植物として知られている。夏の日の盛りには葉を上へ立てて閉じてしまう。このように葉をたたんでしまうようすは「眠る」と表現される。つまり、クズは真っ昼間から寝ているのだ。昼寝をするくらいだから、もちろん夜も眠る。夜は逆に葉を下に垂らして眠ってしまう。不眠不休で働いている方々から見れば、ずいぶんとうらやましい生活である。眠ってばかりの雑草だからクズもやっぱり無能なのだろうか。さにあらず、実はクズは高い能力を持った大物なのである。

クズが昼寝をするのには理由がある。光合成能力は一般に光が強くなるほど高くなる。ただし、あまり光が強いと光合成の能力を超えてしまう。それればかりか、強すぎる光は葉にとって害にさえなるのである。だから日の盛りになるとクズは葉を立てて、強すぎる太陽光をやり過ごす。一方、夜になれば光合成を行なうことができない。葉から水分が逃げ出すのを防ぐために、こんどは葉を垂らして閉じるのである。

このように葉を動かして眠ることができるのは、水圧によって自在に葉を動かすことができる「葉枕《ようちん》」と呼ばれるしくみを葉の付け根に持っているからである。眠っていないときには、この葉枕によって葉の角度を微妙に動かしながら、効率よく太陽の光を葉に受けている。炎天の下でだらだら働くよりも、効率よく成果をあげて昼寝でもしていたほうがいいことをクズは知っているのだ。

クズは非常に生育量の旺盛な雑草として名を馳せている。旺盛な生育で森を覆い尽くさんばかりに生長するクズは、光を奪って木々を枯らしてしまうほどの力を持っている。電柱を覆い尽くしながらよじのぼり、送電線にからんでしまうことさえある。よじのぼる木がなくても困ることはない。茎をからませて、地面を覆い尽くしてしまう。むしろ、こちらのほうがクズの生活の真骨頂かもしれない。河川の土手や線路の法面がクズに覆い尽くされているのをよく見かける。

そのスピーディな生育の秘密は二つある。一つは茎がつる性であることにある。直立する茎は、倒れないように中身を充実させて強い構造に作らなければならないが、つる性植物はその必要がないので、ぐんぐんと茎を伸ばすことができる。もう一つの秘密は太い根にある。葛粉の原料ともなる太くて大きい根に多量のエネルギーを蓄積している

167　クズ

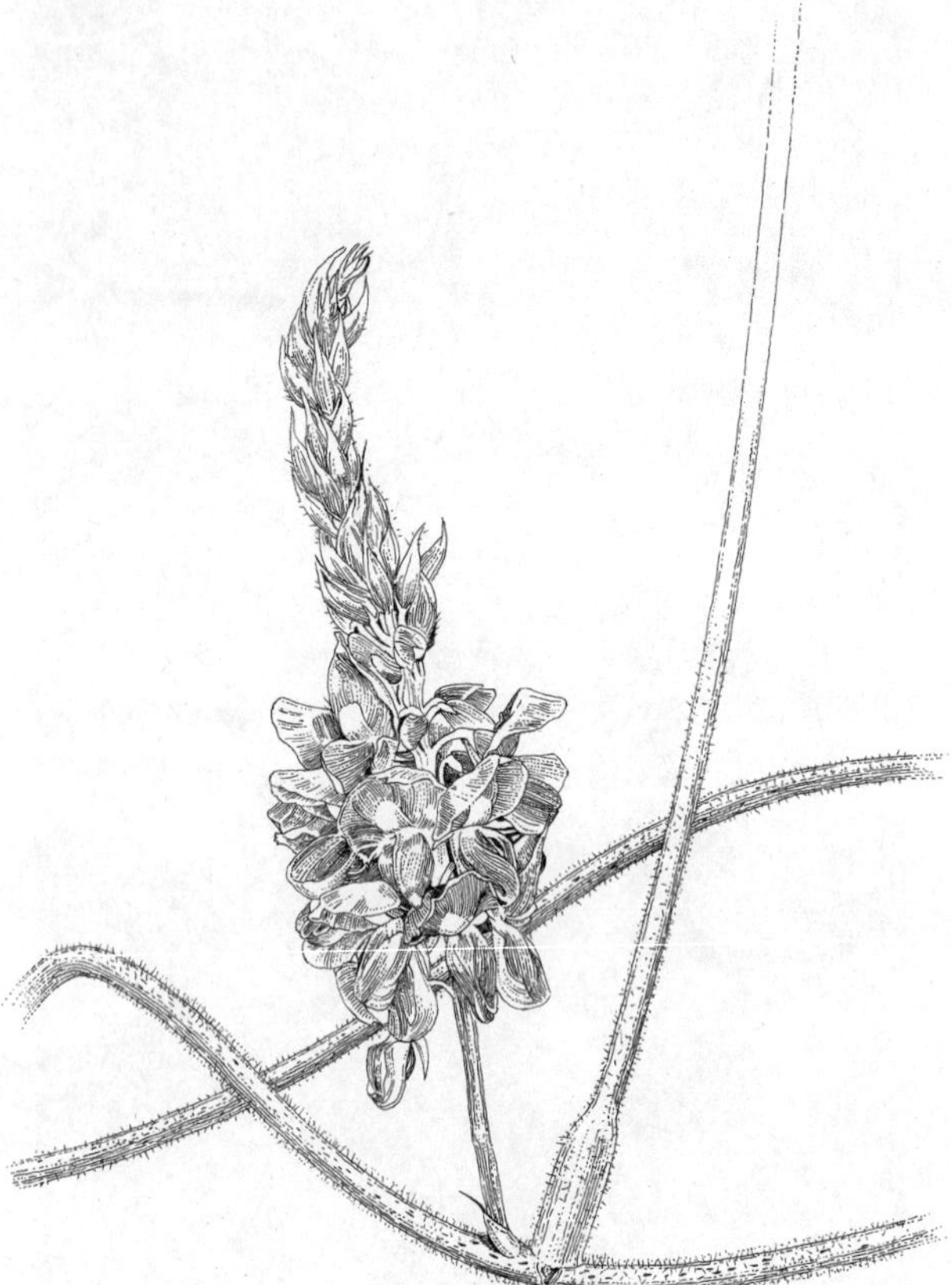

ことも、旺盛な生育を可能にさせている一因である。

敵にまわすと恐ろしいタイプは味方につけるとこれほど心強いものはない。雑草としての悪名高きクズも、かつては有用植物として人間生活になくてはならない存在だった。

葛切りや葛餅、葛湯の材料となる葛粉はクズの根を粉末にしたものである。風邪薬の葛根湯《かっこんとう》も字のとおりクズの根から作られる。また、クズのつるは繊維が強いのでそのまま薪をしばる縄として使われたり、繊維を取り出して葛布《くずふ》を織るのに使われたりした。まさに日本人の暮らしになくてはならないベスト・パートナーだったのである。

その生長量の大きさから土砂流出の救世主として期待され、アメリカへ導入されたが、偉大なクズの志が人間のちっぽけな思惑に収まるはずもなく、またたく間に雑草化して問題になっている。今まで味方だったはずのサポーターは外国遠征で一転してフーリガンのごとく暴徒と化したのだ。猛威を振るうクズはアメリカでも「Kudzu」の名で恐れられている。ちなみに米国人は「クズ」と発音せず、「カズ」と発音する。サッカーの三浦和良《かずよし》選手が「Kazu」の愛称で世界で活躍するよりも前のことである。

その傍若無人ぶりに似合わず、古来、秋の七草にも数えられ、美しい花はワインのような香りがする。意外に高貴な一面も持ちあわせているのだ。大地をわがもの顔に支配しつつある、この大物の雑草を誰が「くず」扱いできるだろうか。

ヨモギ

蓬《よもぎ》　キク科

乾いた街をドライに生き抜く

炎天の乾いた道端でヨモギがほこりまみれになっている。大型トラックが通るたびに、その乾いた風圧に何度も揺さぶられながらも、しっかりと立っている。

ヨモギは草餅の材料として知られている。川の土手や畦道など田園風景のなかに生えているイメージが強いが、街なかの道路端などの厳しい環境でもよく見かける。ヨモギのふるさとはおそらく乾燥した荒野だったと考えられている。だから、乾いた都会の生活にも負けずにがんばることができるのである。

ヨモギはキク科の雑草である。キク科の植物は美しい花を咲かせて虫を呼び寄せるものが多いが、ヨモギの花はとても地味で目立たない。ヨモギはキク科のなかでは珍しく風媒花なのである。一般に植物は風で花粉を運ぶ風媒花から、虫に花粉を運ばせる虫媒花へ進化したといわれている。しかし、かつてヨモギのすんでいた場所は乾燥地帯で、花粉を運んでくれるような虫はほとんどいなかった。ただ、荒野を吹き抜ける風だけが休むことなく吹いていた。そのため、ヨモギは虫媒花から風媒花にふたたび進化しなお

171　ヨモギ

したのである。

ヨモギの一番の特徴である白い葉の裏も乾燥地帯で発達した。ヨモギの葉裏は毛が密生しているため白く見えるのである。顕微鏡でのぞくと、この毛は一本が途中から二つに分かれている。アルファベットのTのような構造になっているので「T字毛」と呼ばれるものだ。一本の毛根から何本かの毛を出させる増毛法と同じように、ヨモギは毛の数を多くしているのである。

草餅にヨモギを入れるのは、本来は香りや色づけをするためではなく、この毛が絡み合って餅に粘り気を出すからである。もちろん、ヨモギにとっては増毛法まで取り入れて毛を増やしているのは、決して草餅にしてもらうためではない。

植物の葉の裏には呼吸をするための気孔と呼ばれる口のような形をした器官がいくつもある。呼吸をするさいに、通常はこの気孔から水分も出ていってしまう。乾燥地帯に暮らすヨモギにとって水分が失われることは大問題だ。そこで無数の細かい毛を絡ませ、通気性を悪くして、水分が逃げていくのを防いでいるのである。

しかもこの毛はロウを含んでいて、水をはじくようになっている。ちなみに、この葉の裏の毛を集めたものがお灸に使うもぐさである。ヨモギの名は「よくもえる木」に由来するともいわれている。お灸がロウソクのように時間をかけてじっくりと燃えることができるのも、もぐさがロウを含んでいるためなのだ。

ほかにも工夫はある。夜、ヨモギを眺めると、まるで草全体に白い花が咲いているように見える。葉の裏を外側にするように葉を立てて閉じるので、葉の裏の白色が映えて、あたかも白い花のように見えるのである。乾燥地帯では、昼間は暑くても夜は逆に冷え込む。葉を広げたままだと放射冷却によって葉の温度が下がってしまう。そこで、葉を閉じて温度を保っているのである。

無法者が多い荒野を生き抜いたヨモギは、虫や雑菌から身を守るために、苦労に苦労を重ねてさまざまな精油成分を身につけた。ヨモギに強い香りがするのはこのためである。ヨモギの精油成分にはさまざまな薬効があるので、ヨモギは古くから薬草として用いられてきた。さらに、強い香りは邪気を払うといわれ、三月三日にはヨモギの入った草餅を食べ、五月五日にはショウブとヨモギの入った薬湯に入る。苦労人の実力者は、荒野のガンマンよろしく私たちの暮らしを守ってくれているのである。

草餅はなつかしいふるさとの味だ。ヨモギの香ばしい香りは私たちに一服の清涼感を与えてくれる。しかし、荒野を生き抜き、今も乾いた大地に懸命に生きる姿こそ、ヨモギの本当の姿なのである。

ハキダメギク

掃溜菊《はきだめぎく》　キク科

潜んだ場所がまずかった

誰とはいわないが、気の毒な、と思われるような名前を持つ人がときどきいる。

奇抜さを狙った名前や、こだわりすぎた難読な名前、大人になるとかわいすぎると思われる子どもっぽい名前。名前は自分が好んでつけるわけではないから、本人にまったく罪はない。問われるのは命名者のセンスである。

ハキダメギクという名も、気の毒な名前である。ハキダメギクの名は「掃き溜め菊」の意味である。道端や畑によく見られるハキダメギクは花が小さく目立たないが、よく見ると星の形をしたきれいな白い花を咲かせる。この花のどこが「掃き溜め」なのだろう。

ハキダメギクは外国からやってきた帰化雑草だが、日本で最初に発見された場所が東京・世田谷のゴミ捨て場だった。この発見場所にちなんで「掃き溜め」と名づけられてしまったのである。命名者は植物学者として有名な、かの牧野富太郎博士である。

発見場所にちなんで名づけられた帰化雑草はいくつかある。外国からの荷物が入ってくる港で見つかった「ミナトマツヨイグサ」や「ミナトアカザ」などもその例だ。「ユ

175　ハキダメギク

メノシマガヤツリ」は東京湾の埋め立て地・夢の島で発見された。同じゴミ捨て場だが、この名前のほうが聞こえはいい。「シナガワハギ」は東京の品川で発見されたことから名づけられた。世田谷で発見されたハキダメギクも、せめて「セタガヤノギク」とでも名づけられていれば、印象もずいぶんと違っただろう。

ハキダメギクは南アメリカの原産だが、大航海時代を経て世界中に広まった。そのため、この雑草には世界各地でさまざまな名前がつけられている。

ハワイでは原産地にちなんで「ペルーの雑草（Peruvian weed）」と呼ばれている。イギリスでは「キュー植物園の雑草（Kew weed）」と、最初に導入された権威ある王立植物園の名を冠している。英名には「勇ましい戦士（Gallant soldiers）」という別名もある。ハキダメギクは繁殖力が旺盛で、小さいながらもつぎつぎに花を咲かせて種子を作り、新天地にどんどん進出していく。そのようすが「勇ましい戦士」と称えられたのである。いずれ劣らずハキダメギクの自尊心を満足させる誇らしい命名だ。「ハキダメギク」という名も覚えやすく親しみやすい絶妙のネーミングだと思うが、名づけられた当のハキダメギクはどう思っているだろう。

外国から入ってきた植物が、いきなり日本で成功するとは限らない。まずは生存の拠点を作り、そこから勢力を拡大して日本進出を図るのが一般的である。海外に留学したり、赴任する場合に、事前に語学学習をしたり、文化・風習について情報を得ておくのと同じだろう。こうして日本に侵入したばかりの新参者は、しばらくは身を潜めながら、この国の環境に体を慣らすことになる。この状態は一次帰化と呼ばれている。

日本には外国から数多くの雑草が侵入してくるが、ほとんどのものが日本の風土や気候になじめずに、一次帰化の段階で死滅していく。見知らぬ異国で成功するのは、簡単ではないのだ。今や道端などでふつうに見られるオランダミミナグサも最初に発見されたときは、横浜港でひっそりと咲いていた。花粉症の原因として猛威を振るうオオブタクサも、大豆に混じって最初に侵入した場所は豆腐屋の店先だった。活躍している帰化雑草も、みんな下積みの時代を経ているのである。「勇ましい戦士」の異名を持つハキダメギクも、日本侵出の作戦遂行のときを待って潜伏していたのだろう。ただ、潜伏場所がゴミ捨て場所だったのは、いかにもまずかった。

名前は自分でつけることができない。いつまでもくよくよしているより、その名前で頑張るしかないだろう。汚泥に根を張りながらも美しく咲くハスの花に、人々は仏の道を見出し、極楽に咲く花だと敬った。また、日本には「掃き溜めに鶴」のたとえもある。たとえその身は掃き溜めにあっても、美しい花を咲かせられることを見せてやろうではないか。

カヤツリグサ

蚊帳吊草《かやつりぐさ》　カヤツリグサ科

不思議なトライアングルの欠点

メキシコ湾内にある三角形の海域は、「バミューダ・トライアングル」と呼ばれて恐れられている。そこでは、飛行機や船が突然消失するという怪事件があいついで起こっているのだ。ミステリアスなこの三角形の海域のなかには、異次元空間への入口があるのではないかとさえ噂されている。

ミステリアスな三角形といえば、カヤツリグサを紹介しないわけにはいかない。植物の茎は丸いのがふつうだが、不思議なことにカヤツリグサの茎の断面はきれいな正三角形をしているのだ。それだけではない。この三角柱の茎は、子どもたちの手によって不思議な空間図形を作ることになる。

三角柱の茎の両端を二人で持って、それぞれ別の面を引き裂いていくと、茎は切れずに広がって四角形を作るのである。まさに四次元空間の魔法を見ているようだ。ねじってつないだ輪の中央を切ると、くさり状につながった二つの輪ができるメビウスの輪と同じような不思議な感覚である。この四角形が蚊帳を吊ったような感じなので、蚊帳吊

179　カヤツリグサ

草と呼ばれている。

二十一世紀に生きる現代の子どもたちに蚊帳といってもわからないかもしれない。しかし、三角柱から四角形が創り出される立体的な不思議さは、3Dを駆使したテレビゲームに慣れた子どもたちをも驚かせる。さらにテレビゲームは一人でもできるが、この遊びは決して一人ではできない。二人で息を合わせなければ途中で切れてしまう。そのためカヤツリグサは「なかよし草」というすてきな別名も持っている。ただの三角形の茎からこの遊びを考え出した昔の子どもたちの創造力は、本当にすばらしい。

一般の植物は茎の断面が丸いので、どの方向にも曲がることができる。しなることによって外部からの力に耐えるのである。一方、三角形の茎はしなることができない。そのかわり、頑強さが自慢だ。三角形はもっともシンプルな図形である。四角形や六角形はすべて三角形を組み合わせることによって作ることができる。三角形は図形の最小単位なのだ。もっとも少ない数の辺で作られているので、同じ断面積であれば、外からの力に対してもっとも頑強な図形が三角形なのである。鉄橋や鉄塔が三角形を基本とした構造をしているのもそのためだ。だから、カヤツリグサは茎の外側をかたい表皮でしっかりと覆って、頑強さを保っている。

ところが、この三角形の茎を選択しているのはカヤツリグサの仲間だけである。この優れた構造をなぜほかの植物が採用しないのだろうか。

実は、この三角形の茎には欠点がある。丸い茎は中心からの距離がどの方向も等しいので、一定の圧力で隅々の細胞まで水を行き届かせることができる。ところが、三角形の茎では中心からの距離がまちまちになるので、隅の細胞にまでは水が届きにくい。そのため、カヤツリグサの仲間の多くは、水が潤沢な湿った場所での生活を余儀なくされている。三角形の茎を考え出したカヤツリグサ一族の誇りからだろうか、本家のカヤツリグサだけは、乾燥に弱いというハンディキャップをものともせず、畑や道端の雑草として頑張っている。

カヤツリグサの仲間は、単子葉植物ではイネ科やラン科についで多く、日本だけでも三百種以上もある。しかし、イネ科やラン科はたしかに多種多様な種類があるような感じがするが、カヤツリグサの仲間がそんなにたくさんあるようには思えない。カヤツリグサの仲間は見た目にはとても似ていて区別が難しい。三角形の茎が制約要因になって、バラエティに富んだ進化ができにくいのである。

こんなに欠点があっても、三角形の茎を変えるそぶりもないのだから、カヤツリグサはずいぶんと強情だ。角々しいカヤツリグサの性格だけは、当分丸くなりそうもない。

ヒシ

菱《ひし》　ヒシ科

ひしゃげた実よ、大志を抱け

ヒシの実はひし形をしている。というよりも本当は菱の実の形だからひし形というようになったのだ。それでは、ヒシの語源はというと、実の形が四角形のひしげた（ひしゃげた）形だからだという。単刀直入に四角形がひしげた形だからひし形というほうがずっとわかりやすいが、なぜかそのいきさつは植物のヒシがかかわってややこしいつながりになっている。

ヒシの実は両側に二本の鋭いトゲがある。忍者が追手から逃れるためにまく「まきびし」も、もともとはこのヒシの実だった。ただし、ヒシが鋭いトゲを持っているのは、何も忍者の助太刀をするためではない。

ヒシの実は水に浮いて、水の流れによって実が散布されるようになっている。とはいうものの、いつまでも当てのない漂流生活を続けるわけにはいかない。どこか適当な地に漂着して、新しい生活を始めなければならないのだ。そのときに役立つのが、この二本のトゲである。トゲが浮遊物や岸辺にひっかかって、定着することができるのである。

183　ヒシ

しかし、それだけではない。ヒシのトゲにはもっと大きな野望が秘められているのだ。漂流して新天地に移動するといっても、ヒシが生活する池や沼では流されて移動できる範囲は限られている。小さな池ならなおさらである。大冒険の漂流をしたつもりが、実はもといたところに戻っただけだった、ということにもなりかねない。これでは、ヒシの冒険心は満たされない。井の中の蛙で終わるつもりはないのだ。

羽を休める水鳥たちが語る広い世界の話に、ヒシの実は冒険心を刺激されたのだろう。そして、水鳥が大空に飛び立とうとするそのとき、ヒシの実のトゲは渡り鳥の羽毛のなかにしっかりと突き刺さったのである。北欧の物語、『ニルスのふしぎな旅』では魔法で小さくなったニルスが、今まさに飛び立とうとするガチョウの体にしがみついて冒険の旅に出発する。ヒシの実もニルスがやったように水鳥にくっついて、まだ見ぬ土地を目指すのである。

さて冒険の末に新しい池にたどりついたヒシの暮らしはどうだろう。

熟した実は重たくなり、やがて池の底に沈んでしまう。そこで冬を越し、春になると水中から芽を出すのである。芽を出したヒシは大急ぎで水面を目指す。ヒシは水面に葉を広げているので一見すると浮き草のようにも見えるが、池の底に根を張り、そこから茎を水面まで伸ばしている。しっかりと地に足をつけているのだ。

185　ヒシ

水中を伸びる茎からはひげのような水中葉がたくさん出ている。表面積を増やして、水の中に溶けた酸素を効率よく吸収するしくみだ。魚のえらと同じアイデアである。やがて水面にたどりついたヒシは、三角形をした本格的な葉を広げる。葉は葉柄《ようへい》の部分がふくれて浮き袋のように工夫されているので、しっかりと葉を浮かせることができる。さらに葉の表面には光沢があり、水をはじくので浮きやすい。水中の葉と水上の葉の機能と構造をはっきりと分けているのである。

花も水上と水中とを巧みに使いわけている。夏になるとヒシは小さな白い花を水上に咲かせる。虫に花粉を運んでもらうためには、花は水の外になければならないからである。ところが、咲き終わった花は水の中へと潜ってしまう。水の外にはヒシの実を狙う虫が多い。そこで、外敵から身を守るために水の中に潜むのである。やがて、水の中で熟したヒシの実は茎を離れ、まるで秘密基地からあらわれた宇宙船のように静かに水面に浮かび上がってくるのだ。

独り立ちした実は、くるみのようにかたい殻で守られている。そして、花びらの外側にあったがくは、二本の鋭いトゲに変形している。ふたたび、旅立つときが来たのだ。

さあ、顔を上げよう。小さな小さな池のひしげたヒシの実さえ、大空に飛び立つときをじっと夢見ているのだから。

ヘクソカズラ——止むに止まれぬ乙女の選択

屁糞葛《へくそかずら》　アカネ科

ヘクソカズラは藪やフェンスなどにからまって咲くつる性の雑草である。

この草の名前の意味は「屁糞かずら」である。植物体が悪臭を放つのでこう名づけられた。ずいぶんと気の毒な名前だが、由緒正しき古典『万葉集』でも「糞かずら」と詠まれている。時代を超えて臭いものは臭いのだ。ヘクソ（屁糞）ではなく、もともとはヘクサ（屁臭）だったものが転化したともいわれているが、傷つけられたヘクソカズラの名誉にとっては、すでに目くそ鼻くそのレベルの話だろう。

白と薄ピンクの清楚な小さい花を咲かせるので「早乙女花《さおとめばな》」という別名もある。見た目だけではこちらのほうがずっとぴったりくる。男性でも女性でも、しゃべらなければもてるだろうにと思える人がいるものだが、ヘクソカズラも同じである。見合い写真だけならば、ヘクソカズラもきっと美しい名前をつけられたことだろう。しかし実物に会うとやっぱりヘクソカズラのほうがぴったりに感じられる。とくに最近では五感を使って観察することの大切さが説かれているから、ヘクソカズラの立場は悪くなるばかりだ。

けれども、早乙女と称される清楚な美しい花がこんな悪臭を身につけたのには深刻な理由がある。美しい乙女に悪い虫がつきやすいのは世の道理である。しかも、怖い父親がこの早乙女を守ってくれるわけではない。ヘクソカズラは厳しい自然界に無防備に置かれているのである。そこで、ヘクソカズラはさまざまな自衛の策を考えたのだ。

まずヘクソカズラを困らせていたのは、小さな花に押し入って甘い蜜を盗んでしまうアリである。そこで、アリの侵入を防ぐために花のなかに細かい毛を密生させるように工夫した。これは効果があった。ヘクソカズラの戦略はここまではよかったのである。

つぎに問題になったのが、ヘクソカズラの茎や葉を蝕《むしば》む悪い虫たちであった。つぎつぎと迫り来る傍若無人な虫たちをどうやって追い払えばいいのだろうか。そこで、ヘクソカズラが考えた方法こそ、悪臭を放つ成分を蓄えることだったのである。香水で男性を魅了する女性は多いが、ヘクソカズラの作戦は逆である。この悪臭で百年の恋もいっぺんに冷めさせ、悪い虫を寄せつけないようにしたのである。虫の食害を受けて、茎や葉が傷つくと細胞内に蓄積した「ペデロシド」という成分が分解してメルカプタンというガスになる。この悪臭を放つガスで敵を遠ざけるのである。たとえ人から屁糞とさげすまれようとも、外敵から身を守るために選んだ止むに止まれぬ手段だったのだろう。

しかし、世の中には上には上の悪いやつがいるものである。これだけガードを固くし

189　ヘクソカズラ

た乙女を襲う悪い虫がいたのである。ヘクソカズラヒゲナガアブラムシ、この昔の電報さながらにカタカナを長く綴った名前のアブラムシは、この悪臭成分をものともせずにヘクソカズラの汁を吸ってしまう。それだけではない。このアブラムシは、なんとこの悪臭成分を好んで自分の体内にためこんでしまうのだ。驚くことにヘクソカズラの悪臭成分を蓄えることによって、このアブラムシは外敵から身を守っているのである。ヘクソカズラが必死で考えた悪臭を逆手にとって、利用してしまったというわけだ。アブラムシの天敵であるテントウムシも、このアブラムシだけは食べようとしない。ヘクソカズラの思惑は完全に裏目に出てしまった。

多くのアブラムシの仲間は植物に似た色をして身を隠しているが、このアブラムシはとても目立つキザなピンク色をしている。「私はまずいアブラムシです。食べられるものなら食べてみなさい」とそのまずさを誇示しているのだ。まったく憎らしいやつである。

かくして、ヘクソカズラの捨て身の作戦はどうやら失敗に終わってしまった。

しかし落ち込むことはない。「屁糞かずらも花盛り」という諺がある。「鬼も十八、番茶も出花」と同じ意味である。たとえ「屁糞かずら」と呼ばれてさげすまれようとも、人々は「早乙女花」の美しさがわかっている。たとえ、一時でもいい。大いに花盛りを謳歌すればいいのだ。そのときこそヘクソカズラよ、花と匂え。

ヒメムカシヨモギ

姫昔蓬《ひめむかしよもぎ》　キク科

——自然界の偉大な数学者

「姫」「昔」という言葉から、戦国絵巻でも連想してしまうかもしれないが、ヒメムカシヨモギは近代になって北アメリカから日本にやってきた帰化植物である。

明治維新の近代化のなかで、鉄道の普及とともに全国に広がったことから、「御維新《ごいつしん》草《ぐさ》」、「明治草《めいじそう》」、「鉄道草《てつどうぐさ》」といった異名を持っている。種子は小さく、綿毛を持っているので、汽車が走るときの風に舞って線路沿いに広がっていったのだ。

ヒメムカシヨモギは大きな株では八十二万個以上もの種子をつけることができる。この繁殖力で全国に広がり、現在では道端や空き地には必ずといっていいほど生えているありふれた雑草になった。そこらじゅうにはびこっているのに、この植物の名前を知っている人やこの花を愛でる人は限りなく少ない。まさに「名もなき雑草」の代表格である。

ヒメムカシヨモギは直立した茎に葉を無数につける。一見、無秩序に葉が出ているようにも見えるが、葉の配置には一定の規則がある。実は、葉の出る位置が一三五度ずつ回転しながらずれているのだ。

一三五度とはずいぶん中途半端な数字に思えるが、そうではない。実は三六〇度の八分の三周ずつまわっているのだ。つまり、葉を下から順にたどっていくと、葉の位置が一定方向にずれていく。八分の三周ずつずれるということは、数え始めて八枚目の葉でちょうど茎を三周まわって元の位置にくることになる。

どんな植物も少しずつ葉の位置をずらしながら伸びていく。このずれ方は「葉序《ようじょ》」と呼ばれていて、どの程度の角度でずれるかは植物の種類によって決まっている。まず三六〇度の二分の一、すなわち一八〇度ずつずれるものがある。あるいは、三分の一の一二〇度ずつずれるものがある。やや半端な数字で五分の二の一四四度ずつずれるものや、ヒメムカシヨモギと同じ八分の三の一三五度ずれるものもある。ところで、ここで紹介した数字の並び方にはある規則性があるのだが、お気づきだろうか。

$\frac{1}{2}$、$\frac{1}{3}$、$\frac{2}{5}$、$\frac{3}{8}$……。規則性にもとづいて並んだこの数字のつぎに来る葉序は、いくつになるだろうか。頭の体操としてお考えください。

正解は$\frac{5}{13}$である。角度にすると一三八・四六度という割り切れない数字になるが、基準とした葉っぱから十三枚目まで数えると五周まわって同じ位置に戻ることになる。

実は、分母と分母、分子と分子をそれぞれ足したものが、つぎの数字になるという規則性で並んでいる。$\frac{1}{2}$と$\frac{1}{3}$のつぎは分母が$2+3$で5、分子が$1+1$で2だから

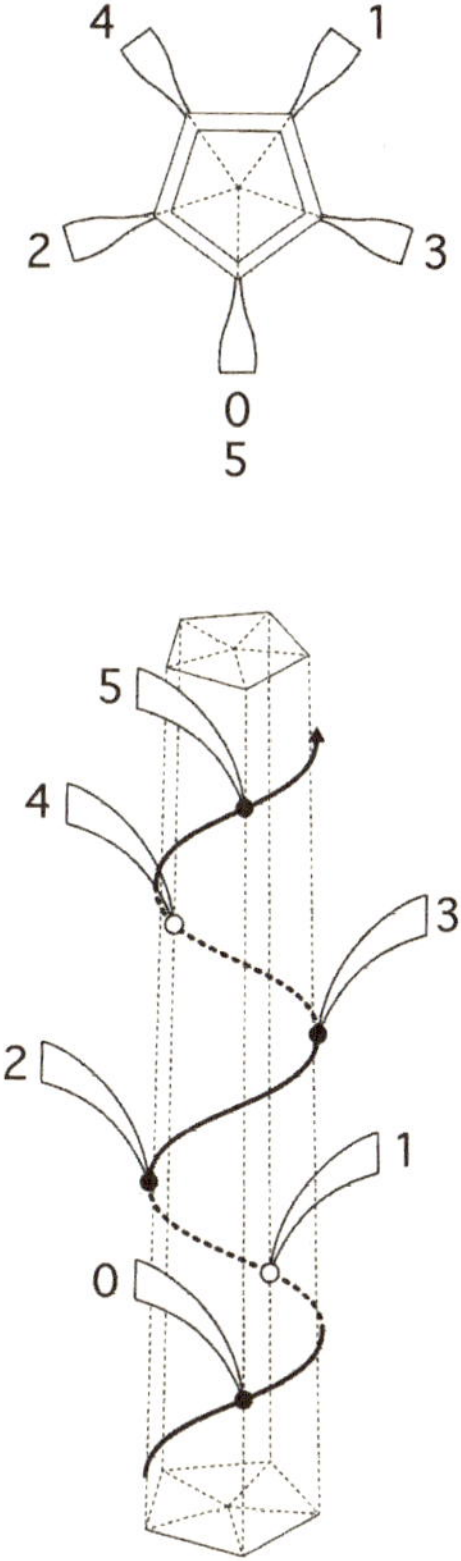
4
1
2
3
0
5
5
4
3
2
1
0

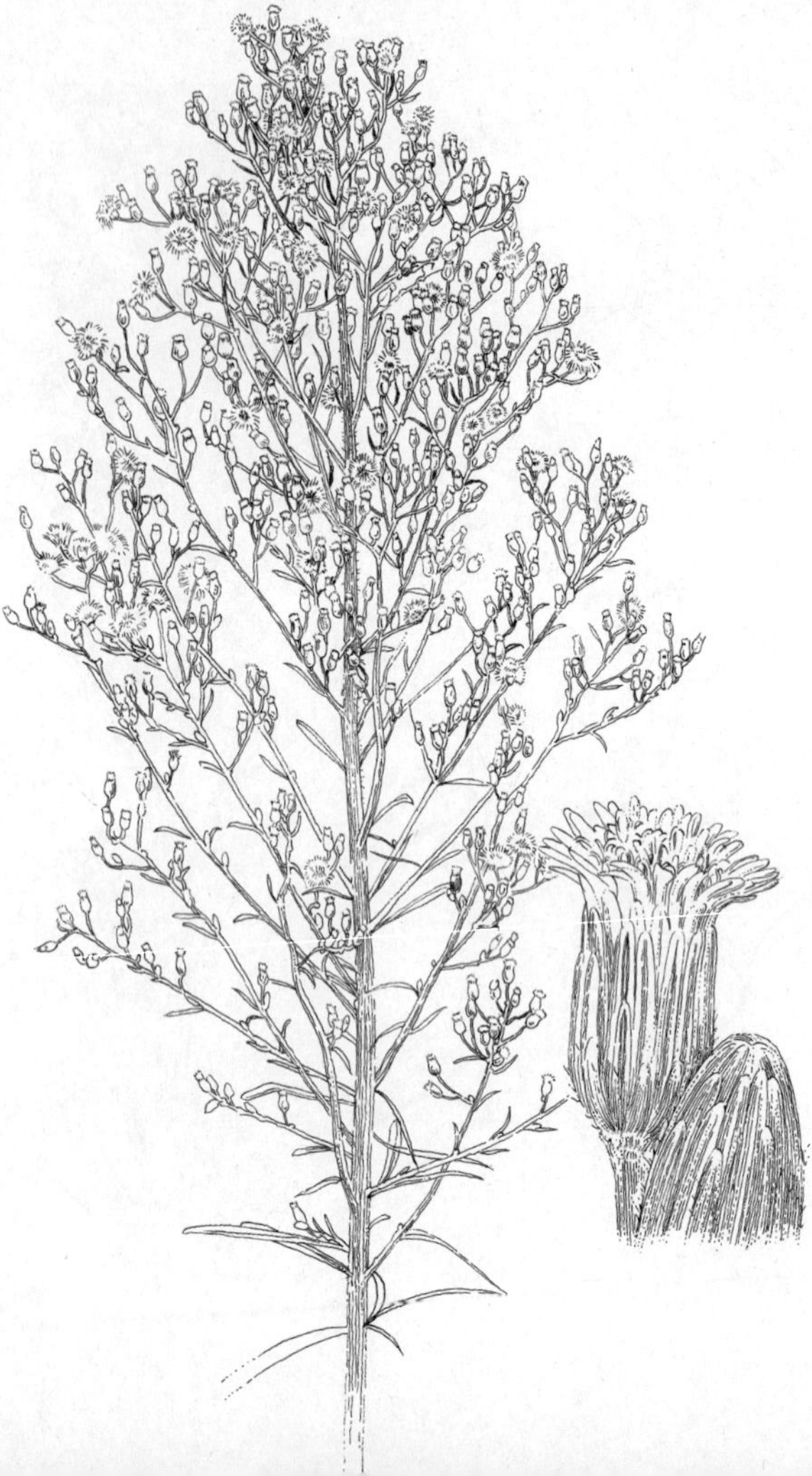

2/5になる。同じように、つぎは1/3と2/5の分母と分子を足せば、3/8になる。1、2、3、5、8、13というように前の数字を足していく数列は、「フィボナッチ数列」と呼ばれるものである。そして、植物の葉序がこの数列に従っていることは、「シンパー・ブラウンの法則」と呼ばれている。つぎつぎに法則が出てくると受験生時代を思い出して、なんとも頭が痛くなるが、植物たちのほとんどがこの法則に従って生長している。植物はこの高等な数学を、どこで学んだのだろうか。しかも、植物の葉序が作る1/2、1/3、2/5、3/8、5/13、8/21……という数列を続けていくと、驚くべきことにこの世の中でもっとも美しいとされる黄金比（1.61764……）の逆数に近づいていくのである。

植物がこのような数列に従った葉序を持つのは、すべての葉が効率よく光を受けるためや茎の強度のバランスを均一にするためであると説明されている。しかしこの世の中のすべての植物が黄金比を発見し、この複雑な数列を用いていることは、あまりに不思議である。とはいっても、実際はなにも植物が数学的法則に従っているということではない。数学がもともと自然界に存在する法則を解き明かそうとしているだけなのである。

自然の摂理の前では、人間の知恵など本当に小さな存在なのだろう。名もなき雑草さえ、私たちが遠くおよばない偉大な数学者なのである。

オナモミ

雄《お》なもみ　キク科

ひっつき虫からのメッセージ

スナイパーは忍び足で標的の背後に忍び込む。放たれた弾は、音もなく標的に命中する。サイレント銃のごとく標的を射止めたこの弾こそ、くっつき虫やひっつき虫の名で親しまれているオナモミの実である。友だちと投げ合ったり、気づかれぬように人の背中に投げつけたわんぱく時代をなつかしく思い出される方も少なくないだろう。草花遊びというと女の子のイメージが強いが、オナモミだけは別である。

離脱が簡単なこともオナモミの魅力の一つだろう。オナモミの実は取りはずして何度でも遊ぶことができる。集中砲火を浴びてたくさん投げつけられた実は、それがそのまま武器になるから、反撃に使うことができる。この離脱が簡単な秘密はトゲにある。トゲの先端がカギ状に曲がっていて、衣服の繊維にからみつくようになっているのだ。じつは植物の実のもつこの構造が、背もたれやおむつのカバーに使われるマジックテープの発明のヒントになった。虫眼鏡でよく見ると、オナモミのトゲとマジックテープとはそっくりである。

197　オナモミ

オナモミは雄なもみである。「なもみ」は「ひっかかる」という意味の「なずむ」に由来する。つまりは、ひっかかる男なのだ。ちなみにひっかかる女、雌《め》なもみも存在する。メナモミの種子も衣服につくが、あっさりと離脱できるオナモミと違って、こちらのほうは種子がべたべたとまとわりついて離れにくいので注意が必要である。もっとも人間の場合は、離れ際があっさりしているのは女性のほうかもしれないが。

もちろん、オナモミの実がひっかかるのは子どもたちを遊ばせるためではない。動物の体や人間の衣服について種子を遠くへ運んでもらうためである。他人の衣服に勝手に投げつける子どもたちの遊びも手伝って、オナモミはみごとに散布されていく。

こうして見知らぬ土地への移動をみごとに果たしたオナモミは、重大な決断をしなければならない。それは芽を出すタイミングである。

「先んずれば人を制す」という諺がある。早く芽を出せば、ほかの植物よりも有利に生長することができるだろう。しかし反対に「急いては事を仕損《せ》じる」という諺もある。状況もわからないまま早く芽を出すのは危険すぎる。それなら逆に遅れて芽を出すべきか。「先んずれば人を制す」か、それとも「急いては事を仕損じる」か。あなたなら、どちらが有利だとお考えだろうか。答えはオナモミの実のなかにある。

とげとげしたオナモミの実は誰もが知っていても、この実を割ってみたことがある人は少ないだろう。オナモミの実を割ってみると、中には二つの種子が入っている。

そもそもどちらが有利か、という質問自体がナンセンスである。どちらが有利かは、ましてや、状況のわからない見知らぬ土地では、どちらが有利かは結果論でしかないのだ。どちらを選んでもリスクがあるならば、どちらも選ぶ両がけ戦略を選ぶことが唯一の正解である。

だから、オナモミの二つの種子は違った戦略を分担しているのだ。やや大きい種子は先発隊である。春になるが早いか芽を出す。まさに「先んずれば人を制す」だ。ところが、先発隊には、どんな危険が待ちかまえているかわからない。除草剤がまかれたり、耕されたりして全滅してしまう可能性もある。「急いては事を仕損じる」状況に陥ったときに備えて、遅れて芽を出すのが後発隊のやや小さい種子だ。

せっかちで、やることが早い種子と、のんびりしていて、じっくりと事をなす種子。どちらが優秀で、どちらが劣っているというのではない、性格の異なる二つの種子があるからこそ、どんな環境でも克服できるのだ。限られた価値基準で優劣をはかることはできないのである。

すべての子どもたちは、みんな個性豊かに伸び伸びと育ってほしい。子どもたちに投げられたオナモミの実は、そんなメッセージを内に秘めているのである。

マンジュシャゲ
曼珠沙華《まんじゅしゃげ》　ヒガンバナ科

死人花《しびとばな》に隠された謎

マンジュシャゲは、秋の彼岸のころになると咲くので「ヒガンバナ」とも呼ばれている。葉の時期には花がなく、花が咲く時期には葉がないことから、「葉見ず花見ず」の別名も持ち、前ぶれもなくいきなり花が咲くこともあって、よけいに印象深い。しかし毎年、彼岸の時期になると一斉に咲き出すのはどこか不思議でもある。

これには秘密がある。美しい花を咲かせるマンジュシャゲだが、実は種子をつけることはできない。マンジュシャゲは染色体のまとまりが三組ある三倍体である。植物が種子を作るためには、花粉（♂）と種子のもとになる胚珠（♀）とに染色体のまとまりを二分する必要がある。そして、花粉と胚珠とが受精することで、元の染色体の数になるのである。そのため、正常に受精して種子を作るためには、奇数では都合が悪いのだ。だから三倍体の植物は正常に種子を作ることができない。よく知られた例では、種なしスイカは人工的に作られた三倍体なので、同じ理屈で種子を作ることができない。外来タンポポがクローン種子を作るのも三倍体だからだ。

201　マンジュシャゲ

種子ができないマンジュシャゲは、もっぱら球根が分かれて増えるだけである。そのため、増えたマンジュシャゲはすべて親と同じ性質を持つクローンとなる。したがって日本中のマンジュシャゲはほとんどが同一のクローンだと考えられている。マンジュシャゲの原産地は中国の揚子江付近であり、そこから日本に伝来したわずかな株がもとになって日本中に広がったと考えられている。そのため、マンジュシャゲは彼岸の時期に一斉に開花するのである。

しかし、それ以外にも不思議なことがある。マンジュシャゲは全国津々浦々どこにでもふつうに見られるくらい広がっているが、球根だけで増えるとすれば、種子をばらまく植物のように、広範囲に分布を広げることはできないはずである。それなのになぜ全国に広がっていったのだろう。

じつは、マンジュシャゲは人の手によって全国に植えられていったのだ。だからマンジュシャゲが生えている場所は、田んぼの畦道や川の土手など、人が暮らす場所の近くである。そして、人々の暮らしが繰り返される壮大な時の流れのなかで、マンジュシャゲは毎年変わらず咲き続けてきたのである。

ところが、線路沿いや改修工事した土手、造成した新興住宅地など、最近作られたはずの場所にもマンジュシャゲが咲くことがある。それらは、もともと生えていた場所から土と一緒に球根が運ばれてきたと推理できる。歴史の浅い土地であってもマンジュシャゲが咲くということは、そこに私たちの祖先が耕した土と祖先が植えた球根があるという証しなのである。そう考えると、その場所の土がとても愛おしく価値あるものに感じられる。マンジュシャゲは人々が暮らした土地の歴史を伝えてくれているのだ。

私たちの祖先は、なぜこの花を植えていったのだろうか。これにはいくつかの理由が考えられている。

マンジュシャゲの根は牽引根といって球根を地中へ潜り込ませるように縮む性質を持っている。この性質が畦道や土手の土が崩れるのを防ぐ役目をする。さらに、球根からほかの植物の生育を抑える物質を出すアレロパシーと呼ばれる作用があるので、雑草抑制の役割もあっただろう。畦道や土手に穴を空けてしまうモグラ除けの効果もあったといわれている。また、墓地周辺に多いのはお供えの花として植えられたり、球根が毒を持っているため、埋葬した遺体を守る意図もあったのではないかと想像されている。

しかし、はるか遠い昔、私たちの祖先がこぞって植えた一番の理由は別にある。それは飢饉のときの救荒食《きゅうこうしょく》として利用したのである。マンジュシャゲの球根は豊富なでん粉を蓄えている。たしかに球根は有毒だが、水にさらすと簡単に毒を取り除くことができるのだ。

とはいえ、食用になるはずのマンジュシャゲは、死人花《しびとばな》、幽霊花《ゆうれいばな》、捨て子花など不吉なイメージの別名をいくつも持っている。縁起が悪いと忌み嫌う人も少なくない。なぜだろうか。毒があるからというだけならばスイセンだって球根は強い毒性を持っている。

ある山村で、「絶対開けてはいけない」と昔から代々伝えられている箱を開けてみると、雑穀の種子が出てきた、という話がある。いよいよ、食べ物がなくなったときに、この雑穀を栽培するようにと大切に保管されていたのだろう。しかし、「絶対開けてはいけない」では、いざというときに役に立たない。おそらく大切な種子を子どもたちに触らせないように、絶対に開けてはいけない、と伝えられてきたに違いない。それが代を重ねるうちに本来の目的は失われ、「開けてはいけない」という禁忌《タブー》だけが残ったのだろう。

マンジュシャゲもそれと同じではないだろうか。いざというときのために、墓地周辺など、人が寄りつきにくい場所に植えて、あれには毒がある、死人花だから掘ってはいけないと言い伝えてきたのだ。それが、いつしかその目的が忘れられ、不吉なイメージだけが残ってしまったのではないかと私には思えるのだが、いかがだろうか。

長い長い人の歴史のなかで繰り返し咲き続けてきたマンジュシャゲ。この謎めいた花は、これからもますます妖艶に咲き続けることだろう。

ネナシカズラ

ああ、あこがれのパラサイト生活

根無蔓《ねなしかずら》　ヒルガオ科

「根も葉もない噂」はとても信じられない。それでは「根も葉もない雑草」があるとしたら、あなたは信じられるだろうか。

その名もネナシカズラ（根無し蔓）という雑草は、ほかの植物から栄養分をもらって生活する寄生植物である。ふつうの植物のように自分の根で養分を吸収し、自分の葉で光合成を行なうまっとうな自活生活はしていないのだ。だからネナシカズラには根も葉も必要ない。光合成をする葉緑素もないので、色ももやしのように軟弱な黄白色である。その姿はまさに「ひも」である。誰かに養ってもらうパラサイトなひも生活にあこがれる方もいるだろう。夢のひも生活を実現したネナシカズラの暮らしはどのようなものなのだろうか。

根なしとはいっても、芽を出したばかりのネナシカズラは根を持っている。そして、獲物を求めて茎は地面をはっていくのだ。飢えたパラサイトは、ほかのつる性の植物のようにどんなものにでもよじ登るというわけではない。人工的な支柱や、すでに弱った植物には見向きもしない。獲物をねらう蛇さながらに、あたりの植物を不気味に撫でまわしながら、活きのいい植物の茎を選んで巻きついていくのである。

獲物に食らいついたネナシカズラは、もはや必要のなくなった根を消し去って、本当に「根なし」になる。根から養分を吸収する術を失ったネナシカズラは獲物の体に巻きつきながら、つるからキバのような寄生根をつぎつぎに出して獲物の体に食い込ませる。そして、そのキバで生き血を吸うがごとく、がんじがらめにした獲物の体から栄養分を吸い取ってしまうのだ。

時には相手の植物を枯らせてしまうこともある。骨の髄までしゃぶり尽くしてしまうのだ。こうなるともう「ひも生活」などという、なまやさしいものではない。栄養状態がよく、丸々と太った作物に襲いかかっては壊滅的な被害をもたらすことも少なくない。まさに「黄色い吸血鬼」の別名にふさわしい残酷さだ。

どこまでも凶暴なこのネナシカズラは、獲物が足りないとネナシカズラどうしでからまりあって共食いをしてしまうことさえある。手のつけられない厄介者なのだ。

ネナシカズラはアサガオやサツマイモなどと同じヒルガオ科の植物である。しかし、同じつる植物であるという点を除けば、その姿は似ても似つかない。どうしてネナシカズラは変わり果てたモンスターになってしまったのだろうか。

209　ネナシカズラ

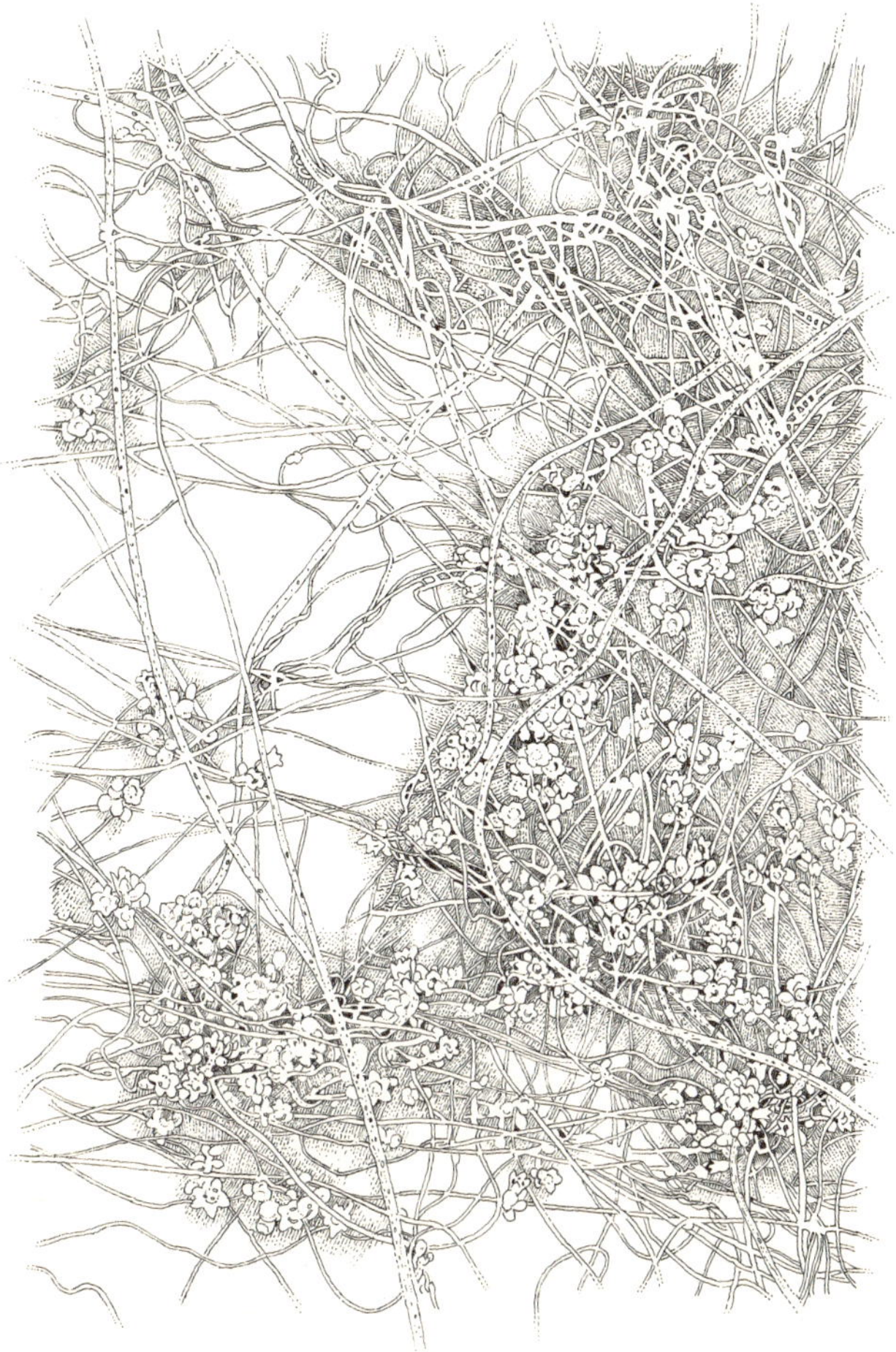

虫を溶かして吸収してしまうことから残酷なイメージを持たれる食虫植物は、栄養条件が悪い、やせた土地で生き抜くために、止むに止まれず虫の命を食べる道を選んだ。しかし、寄生植物が暮らすところは決して条件が悪い場所ではない。自分の根と自分の葉で自活することも難しくないのに、なぜあえて寄生という道を選んだのか、その理由ははっきりしていない。

西欧でクリスマスに飾られるヤドリギも有名な寄生植物だが、ヤドリギには立派な枝や葉がある。寄生した木に根を下ろし、水や養分をちゃっかり横取りしながらも、光合成は自分で行なうのである。

しかし、ネナシカズラはそんな半端な気持ちで寄生植物の道を選ばなかった。ネナシカズラは完全に寄生する生活を選び、根や葉を捨てたのだ。考えてみればこれは相当の決断である。もし寄生に失敗すれば生存の道は残されていないのだ。気楽そうに見えるパラサイト生活だが、その実はリスクも多いのである。

地に足がついていないネナシカズラだが、そのパラサイト精神は筋金入りなのである。

ミズアオイ

雑草が絶滅する日

水葵《みずあおい》　ミズアオイ科

「右腕のエースに対するは、左打ちのスラッガー」

「フリーキックのチャンス、蹴るのは右のキッカーか、左のキッカーか」

スポーツでは、右利きか左利きかが重要になる。右利きと左利きでは、役割や特徴が異なるから、右利きと左利きとをバランスよく持っているチームのほうが作戦の幅が増えるし、選手の層が厚いともいえるだろう。

雑草のなかにも右と左とを重視している雑草がいる。ミズアオイである。ミズアオイはハチを呼ぶための黄色く目立つダミーの雄しべと、気づかれぬようにハチに花粉をつけるための目立たない紫色の雄しべとを持っている。紫色の雄しべと雌しべとはちょうど左右に分かれてついていて、この右と左の関係によって、ミズアオイの花は正面から見て、紫色の雄しべが右側にある右型と左側にある左型の花とがある。

右型の花にハチが来ると、右側に雄しべがあるのでハチの体の右側に花粉がつく。このハチが飛び立って左型の花に行くと、こんどは右側に雌しべがあるので、雌しべに花粉がつく。このとき左型の雄しべは左側にあるので花粉はハチの体の左側につき、このハチがふたたび右型の花を訪れると、こんどは左型の花粉が右型の雌しべにつく。つまり、右型の花粉が左型の雌しべに、左型の花粉が右型の雌しべにつくようにしくまれているのだ。

この右と左は象徴に過ぎないだろう。要は同じものどうしでなく、異なるものどうしが交配するように工夫されているのである。似たものどうしの組み合わせでは、似たものしか生まれない。異なるものが組むことで、さまざまなタイプの子孫を生むことができるのである。

雑草のすむ世界は何が起こるかわからない。どんなタイプが成功するかは未知数なのである。だから、できるだけバラエティに富んだ才能を持った、多様性豊かな異能集団にしておくことが大切だとミズアオイは考えているのだ。

ところで、ミズアオイは田んぼの雑草として図鑑に紹介されているが、その一方で絶滅のおそれがある動植物のリストにも掲載されている。絶やしても絶やしても生えてくるのが雑草ではないか。その雑草が絶滅することなどありうるのだろうか。実は、絶滅が危惧されている雑草の種類は決して少なくない。かつては全国の田んぼで猛威を振るった雑草がみるみる姿を消し、今や保護の対象にさえなっているものも珍しくないのだ。

【左型】

【右型】

雑草は困り者だから絶滅したほうがいい、という考えももちろんある。しかし、雑草は人間と生活場所を同じくするもっとも身近な植物である。その雑草さえ生きていけないような環境になっていることを、人間は喜んでいいのだろうか。雑草が雑草らしく生きられない世界で、どうして人間が人間らしく生きられるのだろう。限られた評価基準で良い悪いを分別するよりも多様性豊かなほうがすばらしいというミズアオイの考えを、人間はもっともっと噛みしめる必要があるだろう。

ガソリンより高い値段で売られるペットボトルの水を人々は飲んでいる。光化学スモッグや降り注ぐ紫外線のせいで子どもたちは野外で遊ぶこともできない。異常気象が毎年続いて、それが当たり前のことになっている。どこにでもいたはずのメダカやホタルが幻の生き物になっている。クーラーのききすぎた部屋で、人々は真夏でも上着を着て寒がっている。

一昔前までSF小説の中のお話だった恐ろしい近未来が、つぎつぎに現実になっている。これが、私たちがあれほどまでに夢見た二十一世紀の姿だったのだろうか。

「最後に残っていた一本の雑草が枯れて、地球上の雑草はすべて絶滅しました」

そんなニュースが流れる未来も、もうそこまで来ているのかもしれない。そのとき、私たち人類ははたしてどのような生活を強いられているのだろうか。

ホテイアオイ

布袋葵《ほていあおい》　ミズアオイ科

百万ドルの雑草の願い

夏になると、池や水路一面に紫色の花を咲かせるホテイアオイ。新聞やテレビのニュースでもおなじみの季節の風物詩である。ホテイアオイの英名は「ウォーター・ヒヤシンス」。その名のとおりヒヤシンスに似た美しい花は、雑草とは思えないほどの気品と風格に満ちている。

しかし、一方では「ビューティフル・デビル（美しき悪魔）」と陰口もたたかれている。池や水路を覆い尽くすので、水の中に光が届かなくなってしまう。その結果、ついにはほかの生物がすめないような死の池にしてしまうからである。蔓延したホテイアオイが船の往来を妨げたり、水の流れを堰きとめるという被害も後を絶たない。ついたあだ名が「百万ドルの雑草」である。百万ドルの夜景を連想させるが、決して一面に咲く美しさからではない。その駆除には億単位の費用がかかることからこう名づけられたのだ。ホテイアオイは今や世界中に広がり、世界各地で猛威を振るっている。

これだけホテイアオイが問題になるのは異常なまでのその繁殖力にある。ホテイアオ

217　ホテイアオイ

イは条件がいいと一週間で倍に増えることができるのだ。

その昔、豊臣秀吉の家来・曾呂利新左衛門《そろりしんざえもん》は手柄を立てた褒美に、「最初にお米を一粒ください。そして、これから一カ月の間、一日経つごとにいただくお米の数を倍に増やしてください」と請うた。「何と欲のないやつよ」と笑いながら秀吉はその願いを聞き入れたが、一カ月後、新左衛門は約束の褒美をいただきにきたと蔵のなかのお米をすべて運び出し、かの秀吉を降参させてしまったのである。一粒の米は三十日後には十億粒を越え、およそ二十二トンにもなっていたのである。

倍々に増えることは、これくらい恐ろしい。ある試算では一株のホテイアオイは一シーズンで約三百五十万株にまで増えるという。池を覆い尽くすくらい、たやすいことなのだ。

ところが不思議なことがある。このホテイアオイを水のきれいな池に入れても、いっこうに大きくならないのである。それどころか知らぬ間に絶えてなくなってしまうことさえある。どういうことなのだろう。じつは汚れた水こそがホテイアオイの増殖の栄養源になっているのである。生活排水や工業排水の流れ込んだ水は窒素やリンなどの栄養分が豊富なので、それを吸収してホテイアオイは増殖していく。ホテイアオイの異常繁殖は人間が水を汚したために引き起こされているのである。

宮崎駿監督のアニメ映画「風の谷のナウシカ」で産業文明崩壊後の未来に生きる人々は毒を出す腐海の森の植物に苦しめられる。しかし、主人公ナウシカは、腐海の植物が人類が汚してしまった大地の毒を自らの体内に取り込み、土と水を浄化するために誕生したことを知るのである。

ナウシカは問いかける。

「誰が、世界をこんなふうにしてしまったのでしょう」

ホテイアオイの花の中央部の模様は、ナウシカのまとう伝説の青い衣に描かれた模様にどこか似ている。気品高きホテイアオイの花も、きっとナウシカと同じことばを問うていることだろう。

ホテイアオイは窒素とリンの吸収力が大きい。その能力を生かした水質浄化への利用も試みられている。映画に登場した腐海の植物さながらに、ホテイアオイは自らの体内に汚れを取りこんで、水を浄化するのである。

美しく青き地球を夢見て、ホテイアオイは水面《みなも》を覆い尽くしていく。誰がこのホテイアオイの大繁殖を責めることができようか。

イヌタデ

犬蓼《いぬたで》　タデ科

赤いまんまは偽りだらけ

滝沢馬琴の『南総里見八犬伝』では、犬江、犬川、犬村、犬坂、犬山、犬飼、犬塚、犬田と名前に「犬」とつく八人の剣士が活躍する。

実は雑草にも「犬」とつくものが少なくない。近所の空き地や野原へ、名前に「犬」とつく雑草を探し求める小さな旅に出かけてみるのも悪くない。

植物名で「犬」とつくのは、有用な食物に似ているが役に立たない、という意味である。人間用ではなく、犬用ということなのだ。麦に対してイヌムギ、稗《ひえ》に対してイヌビエ、ひゆに対するイヌビユ、ほおずきに対してイヌホオズキなどがある。ちなみに一七ページで紹介したオオイヌノフグリも犬とつくが、これは本来の「犬の」という意味で、決して役に立たないふぐりではないので、念のため。

タデにもイヌタデがある。それでは、人間用のたでではというと、図鑑ではヤナギタデと紹介されている植物がそれである。「蓼《たで》食う虫も好き好き」でいうたでがヤナギタデのことで、噛むとぴりっとした辛みがある。この辛みが人間に好まれて、芽たでを刺し

221　イヌタデ

身のつまにしたり、たで酢の材料として用いられる。

一方のイヌタデには辛みがまったくない。そのせいかすっかり「犬用」の烙印を押されてしまった。しかしイヌタデは、子どもたちには「赤まんま」の名で親しまれ、赤い花を赤飯に見立てたままごと遊びにはなくてはならない雑草である。

野外でヤナギタデを知っている人は少ないが、イヌタデ（赤まんま）を知っている人は圧倒的に多い。犬用のタデどころかイヌタデのほうを蓼の代表のように思っている人も多いだろう。おかげで本物のタデのほうは「本タデ」と呼ばれる羽目になってしまった。

世の中、偽物のほうがまかり通ることは多い。最近のチューブわさびは本わさびといわれる。それまでの粉わさびは、わさびではなかったのだ。大豆を丸ごと使った丸大豆醤油やお米だけで作った純米酒も、考えてみれば変なことばだ。本来、醤油は大豆を丸ごと使い、日本酒はお米だけで作るものではなかったのか。

ピンクに染まったイヌタデの穂も、いくつかの〝虚偽〟が見つかる。イヌタデの穂は、小さな花がたくさん集まって形作られている。よく見ると、咲いている花はごくわずかだ。ピンクの穂のなかに、ところどころ白く見える部分が咲いている花である。鮮やかなピンク色をしているのは、まだ咲いていないつぼみや咲き終わった花なのだ。イヌタデは小さな花を少しずつ順番に咲かせていく。だから長い期間、花を咲かせることができる。しかし、咲いている少しの花だけではとても目立たない。だから、つぼみや咲き終わった花もピンク色に染め上げて、あたかも花が咲いているかのように見せかけているのである。しかし、虫が訪れてもどれが咲いている花かわからないようでは信用にかかわる。そのため咲いている花は少し白っぽく、色に変化をつけている。

咲いている花をよく見ると、薄紅色の五枚の花びらが見える。ところが、この花びらも真っ赤な偽物なのだ。花びらの外側にはがく（萼《がく》）と呼ばれる小さな葉のようなものがついている。実はイヌタデの花びらに見える部分は、このがくが発達したものなのだ。

ふつうは花が終われば、花の色はあせ、花びらは散ってしまう。イヌタデが、花が咲く前のつぼみや、咲き終わった後も鮮やかなピンク色を保っているのは、がくの部分に色づけしているからなのである。本当はイヌタデの花に花びらなどないのである。

赤まんまにまんまとやられてしまった感じだが、知恵と工夫は本物だ。「犬用」とばかにすることなかれ、ということだろう。

飽食の時代といわれて久しいが、芽たでで刺し身を食べたり、たで酢でアユの塩焼きを食べる機会はむしろ減っている。昔ながらの本物の味を体験することは、現代ではむしろぜいたくなことなのだ。それも無理はない。最近は人間用のジャンクフードよりも、犬用のペットフードのほうがよっぽど高級で本物志向の時代なのだ。

ススキ

薄《すすき》　イネ科

稲より気高いプライド高き雑草

能力が高い「切れ者」なのだが、プライドが高く、下手に触ると痛い目に遭わされそうな人がいる。スススキはまさにそんなイメージである。不用意にスススキの葉に触ると皮膚を切ってしまうことがある。実際、ススキの原で手や足を傷だらけにした経験を持つ方も多いだろう。ススキの葉で皮膚が切れやすいのは、ガラス質のトゲがのこぎりの歯のように並んでいるからである。

私たち人間が作る透明なガラスはケイ酸を原料としている。ススキをはじめとしたイネ科の植物は、草食動物から身を守るために、土の中から吸収したケイ酸を体内に蓄積しているのだ。そのため、葉だけでなく茎もかたい。ススキの茎はコンクリートと同じくらいの耐久力があるといわれているくらいだ。

ススキは「カヤ」とも呼ばれる。昔はススキの茎をたばねて屋根を作った。これが「かや葺き屋根」である。ススキが用意できない家では、しかたなく稲わらを使って「わら葺き屋根」にした。ススキは稲よりずっと高級だったのである。

ススキ

ススキの名は「すくすく育つ木」に由来する。お月見には、ススキが飾られるが、これはススキの穂を稲穂に見立てて、ススキのように稲がすくすくと育つようにという願いがこめられているらしい。

稲は古来、日本人の文化の中心であり、神聖視されてきた作物である。しかし、ススキの地位はその稲を凌駕しているのだ。

これだけ重要なススキだったから、稲を管理する田んぼがあるように、昔は村々には必ずといっていいほど、ススキを管理する「かや場」と呼ばれる場所があった。東京にある茅場町の地名はその名残りである。ススキは屋根材のほか、家畜の餌や堆肥の原料としても用いられ

た。雑草とはいえ管理するというからには、もちろん放ったらかしにはしない。定期的に草を刈ったり、春先に火入れをすることによって、人々はススキの群落を健全に保ったのである。

風に揺れるススキの穂は秋の風物詩であるが、ススキにとっても秋風はとても大切である。というのもススキは風によって花粉を運んでいるのだ。お月見に飾られる穂先のそろったススキの穂は、まだつぼみの状態である。しかし、雄しべと雌しべを出して花が咲き出すと、穂が四方に広がる。こうして、風を受けやすくして、自分の花粉を風に乗せて運ばせながら、一方で風によって運ばれてきたほかの個体の花粉をキャッチするのであ

る。

花が終わると広がっていたススキの穂は閉じて、ふたたびそろう。種子が熟すまでのあいだは、風によって傷まないようにやり過ごすのだ。やがて種子が熟すと、ススキはふたたび穂を四方に広げる。こんどは、風に乗せて種子を飛び立たせるためである。

こうして風にさらされて種子を飛ばし終えたススキは、秋の終わりとともに枯れてしまう。しかしケイ酸質を多く含むススキは茎がかたいので、枯れても立ち尽くしたままである。

〽おれは河原の枯れすすき

その立ち枯れたようすは、そう歌われた。しかし、ススキは決して打ちひしがれてはいない。冬の訪れが告げられたからといって、ススキにはそんな感傷に浸っている時間はないのである。

極寒のなか、ススキは根元に新しい芽を準備している。つぎの春に向けてもう生長をスタートしているからである。殺風景な冬にススキの新芽は情熱の赤い色を保っている。

プライドの高い実力者もその強さの秘密は人知れぬ熱い情熱にあるのである。

セイタカアワダチソウ

背高泡立草《せいたかあわだちそう》　キク科

毒は使いすぎに御用心

秋の河原一面を黄金色に染めるセイタカアワダチソウには、悪者のイメージがつきまとう。外国から日本にやってきて定着した生き物を外来生物というが、セイタカアワダチソウはアメリカシロヒトリやアメリカザリガニなどと並んで、外来生物の代表格として有名である。天敵やライバルの少ない新天地で大繁殖する外来生物は日本の生態系を破壊する悪者として扱われている。ご多分にもれず、セイタカアワダチソウの評判もあまりよくないようだ。

萩の花　尾花　葛花　なでしこの花　女郎花《おみなえし》　また藤袴　朝貌《あさがお》の花

山上憶良の歌で有名な秋の七草は、昔から日本の河原を彩る主役であった。秋の七草のうち、萩の花（ハギ）、葛花（クズ）、なでしこの花（カワラナデシコ）、藤袴（フジバカマ）、朝貌の花（キキョウ）の五種の花が紫色である。七草に限らず、秋に咲く日本の花は紫色が多い。枯れ草の中に映える紫色が虫を呼び寄せやすかったからである。古来、紫色は高貴な色だった。紫色の花が咲く河原はまさに情緒ある高貴な原風景だったはずである。それをいきなり、目にもショッキングな黄金色一色に塗りつぶしてしまったのだから、セイタカアワダチソウが伝統を重んじる日本人の多くを敵にまわしてしまったのも無理はない。セイタカアワダチソウは英語では「ゴールデン・ロット（金のむち）」と呼ばれている。むちを振るうがごとく暴力的に広がる繁殖力が嫌われて、セイタカアワダチソウは、ついには花粉症の犯人に仕立てられてしまった。「仕立てられて」というのは、花粉症の原因に関して、セイタカアワダチソウは無実だったからである。

たしかに、一面に咲き誇るセイタカアワダチソウを見ていると鼻がむずがゆくもなる。しかし、スギやヒノキ、イネ科の植物など、花粉症の原因となる植物は花粉を風で運んで受粉するので、虫を呼ぶための美しい装飾は必要ないのだ。風まかせのことばのとおり、風に運ばせるこの受粉方法は不確かなため、風媒花の植物は勢い膨大な数の花粉を用意することになる。これが花粉症の原因となるのである。

一方、美しい花を咲かせる植物は受粉のために虫を呼び寄せる。昆虫に運ばせる方法は風に比べればずっと確実だから、花粉の量はずっと少なくてすむ。貴重な花粉を風で

231　セイタカアワダチソウ

飛ばすようなもったいないことはしないのだ。セイタカアワダチソウのような鮮やかな花を咲かせる植物が花粉を撒き散らすとは考えにくいのである。

河原での大繁殖を支えているのが膨大な量の種子である。セイタカアワダチソウは一株で四万個もの種子をつけ、それがタンポポのような綿毛で風に舞っていく。泡立つように見えることからアワダチソウと命名されたほどだ。河原中のセイタカアワダチソウが種子を舞い上がらせるすさまじい光景が、アレルギーに悩む人たちの誤解を招いたのかもしれない。すっかり濡れ衣を着せられたセイタカアワダチソウであるが、わが物顔にあれだけ河原を占拠しているのを見れば、誤解されても無理はないかもしれない。それにしても、あれほど一気に広がることができたのはなぜなのだろう。実はこれには秘密がある。

セイタカアワダチソウは根から毒性のある「DME」という物質を分泌している。その毒でライバルとなるほかの植物の発芽を妨害し、つぎつぎと駆逐していったのである。まさに化学兵器による侵略でほかの植物を圧倒していたのだ。

しかしである。一時あれほど猛威を振るったセイタカアワダチソウが、最近ではすっかり衰退しつつあるという事態が起きている。もともと日本にあったススキやオギに取って代わられていることも少なくない。その原因は「自家中毒」にあるといわれている。

相手を攻撃するはずの毒によって、自らも被害を受けるようになってしまったのだ。毒は効果的にほかの植物を傷つける。しかし、そのしっぺ返しも小さくはない。強すぎる毒はやがて自らをも深く傷つけてしまうのである。「驕れる者は久しからず」、毒を使うのもほどほどにしたほうがいいという教訓かもしれない。

ミゾソバ

溝蕎麦《みぞそば》　タデ科

自分に似た子を手もとに置く深い理由

イヌタデのところでも紹介したように、雑草にも「犬」とつくものは多いが、これは有用な作物に似ているが役に立たない、という意味である。人間用ではなく、犬用ということなのだ。一説には作物ではないという意味から「否《いな》」が転化して「いぬ」になったともいわれている。神格化されたイネは別格だが、雑草に近い雑穀の類には、たいがい役に立たない近縁種があって「イヌ」呼ばわりされている。麦に対して「イヌムギ」、稗に対して「イヌビエ」、粟には「イヌアワ」、胡麻には「イヌゴマ」がある。

ミゾソバは湿った場所に群生し、蕎麦に似た実をつける雑草である。しかし、ミゾソバは「イヌソバ」とは名づけられなかった。なぜだろう?

実は、ミゾソバは飢饉のときの救荒食として栽培されていたのだ。小さいがソバに似た黒い実をならせる。この実を蕎麦がきのようにして食べたという。だから、「役に立たないソバ」ではなかったのだ。そして、乾いた畑に生える本物のソバに対して、「溝に生えるソバ」と名づけられたのである。

235　ミゾソバ

しかし、「イヌソバ」かどうかは些細な問題だ。ミゾソバの仲間は、どれも一度耳にしたら忘れられない奇抜な名前がつけられている。「ウナギツカミ（鰻つかみ）」は茎についた鋭いトゲが「うなぎでもつかめる」ほどであることから名づけられた。トゲソバの別名を持つ「ママコノシリヌグイ（継子の尻拭い）」というのもある。いじわるな継母を連想させるおぞましい名前だ。「カエルノツラカキ（蛙の面掻き）」の異名を持つイシミカワもミゾソバの仲間である。

ミゾソバの茎にも、ウナギツカミやママコノシリヌグイと同じような下向きの鋭いトゲがある。このトゲで他の大きな植物によりかかったり、からまったりしながら伸びていくのだ。もし、ミゾソバが救荒植物でなかったとしたら、あなたはどのような名前をつけるだろうか。

ミゾソバはピンク色のこんぺい糖のようなかわいらしい花を咲かせるが、小さな花が十〜二十個集まって一つの花のように見せている。ところがよく見ると、集まった花のうち咲いているのはほんの数個にすぎない。イヌタデと同じように花を順番に咲かせて、長期間、花が咲き続けるようにしているのだ。ところが、数個の花では目立たないから虫を呼び寄せることができない。そこで、つぼみや咲き終わった花も、咲いているかのように美しいピンク色をして、目立つようにしているのである。

この花だけでも工夫に満ちているのに、さらにミゾソバはもう一つ変わった花を咲かせる。それはどんなに目を凝らして観察しても気がつかないだろう。驚くことにその花は土の中にあるのである。

土の中に花があるとはどういうことなのだろう。花を咲かせるのは虫によって花粉を運んでもらうためである。虫に来てもらうためには、より目立つ場所に花がなくてはならないはずだ。そもそも土の中にやってくる虫などいるのだろうか。

実は土の中の花は、自分の花粉で受粉する閉鎖花である。虫に受粉してもらう必要がないから、地上にある必要はないのだ。むしろ、地面の下にあるほうが、風雨や外敵から身を守ることができる。

しかし、種子をどのように播くのだろうか。土の中で実をならせても、種子は遠くへばらまくことができないのではないか。

もちろん、ミゾソバはそこまで考えている。自家受粉によってできた閉鎖花の種子は、親の遺伝子を引き継ぐ分身である。親が成功した土地であれば、同じ遺伝子を持っている子孫が成功する可能性が高い。ミゾソバは一年草なので種子を残した親植物はその年に枯れてしまう。その後を継ぐのがこの種子である。だから土の中にできた種子は、遠くへばらまくよりも、その土地で芽を出すほうが有利なのである。

一方、地上の花にできた種子は違う。他の花との交雑によってできた種子は自分とは遺伝的に異なる性質を持っている。親とは違う才能や能力がある。逆に親が持っていた能力が欠如していることもある。そういう子孫は親と同じ環境にいても成功するとは限らない。むしろ無限の可能性を求めて広い世界へ旅立たせたほうが、新しい土地で成功する可能性があるのだ。

地上にできたソバに似た実は、「そばにいたい」などという甘っちょろいことはいわない。親元を離れて、遠く新しい世界を目指すのである。ミゾソバの実は水鳥に食べられてしまう。そして、水鳥のお腹に入ったまま、大空へと旅立っていくのである。ミゾソバの種子はかたいので消化されることはない。ミゾソバの種子は糞と一緒に体外に排出されるのである。糞まみれになりながらも、小さな冒険者はこうして新天地にたどりつき、ミゾソバの勢力拡大の一端を担うのである。

自分に似た種子を土の中に置くのはけっして溺愛しているからではない。地上にできた種子を遠ざけるのは何も他人の血が入っているからではない。一見するといじわるな継母を思わせるミゾソバの行動も、それなりの深い理由があってのことなのである。

ガマ

蒲《がま》　ガマ科

カマボコとふとんの共通点とは

ガマの穂のユニークな姿は、私たちの想像力をかきたてる。ソーセージやアイスキャンディに見立てる人もいるだろう。どこかおいしそうに見えるガマの穂のイメージは今も昔も変わらない。昔の人もこの穂からいろいろな食べ物を連想してきた。

矛のように見えるガマの穂先は「がまほこ」といわれている。実は、これがカマボコの語源なのだ。カマボコは現在では板に盛られたものが一般的だが、昔はちくわと同じように棒のまわりに盛られていた。そのようすがガマの穂そっくりだったのである。だからカマボコは漢字で書くと蒲鉾。「蒲《がま》」の字が当てられている。

似ても似つかぬようだが、鰻のかば焼きもそうである。現在では鰻を開いて焼くが、昔は筒切りにしてそのまま棒に刺して焼いた。その形もまたガマの穂にそっくりだったのである。だから、かば焼きも漢字では蒲焼き。やっぱり「蒲《がま》」の字である。

ついつい食べ物を連想してしまうが、「狐のろうそく」と呼ぶ地方もある。童話にでも出てきそうな素敵な呼び方だ。実際に、ガマの穂をアルコールや灯油に十分に浸して火をつけると、まるでろうそくのように幻想的な炎をかもし出すことができる。

ユニークな形で親しまれるガマの穂は雌花である。無数のごく小さな花がぎっしりと詰まって穂を形成しているのだ。その穂の上に突き出た串のような部分が雄花である。ガマは風で花粉を運ぶ。そのため、花粉が少しでも遠くへ飛ぶように雄花は上位に配置されている。逆に雌花は花粉を受けやすいように下位に配置されている。

隣どうしに位置する雄花の花粉が自分の雌花についてはいけないので、雄花が先に開花するしくみになっている。そして、雄花が散った後、時期をずらして雌花が開花するように工夫されているのである。種子の基部には蒲の穂綿と呼ばれる白い毛がついている。やがて、熟したガマの穂の内側から、白い綿毛をつけた種子が湧き出るようにあらわれて、風に乗って飛び立っていく。

赤裸にされた因幡の白兎が転がってくるまったのは雄花の花粉だろうと考えられている。ガマの花粉は蒲黄《ほおう》といって古くから止血剤に使われていたからである。

一説には、因幡の白兎がくるまったのはガマの白い穂綿であるともいわれる。たしかに赤裸のウサギにとっては、黄色い花粉よりも、ふわふわした綿毛にくるまるほうが気持ちよさそうである。それもそのはず、昔はこの綿毛は綿がわりに使われて座ぶとんなどに入れられた。だから、ふとんも「蒲《がま》」の字を使って「蒲団」とも書く。

241　ガマ

ところで無数にあらわれるこの蒲の種子は一本の穂の中にどれくらいあるのだろうか。

実は、一本の穂にはおよそ三十五万個もの種子が入っているといわれている。ガマの穂は小さな雌花が集まってできている。三十五万個の花が咲き、三十五万本の雌しべが花粉を受粉し、三十五万個の種子を宿すのである。小さな穂の中に三十五万もの命の営みがあるのだ。三十五万というと県庁所在地では高知市や長野市、奈良市の人口と同じくらいの数字である。一本の小さな穂のなかに中堅都市の市民全員と同じ数の命が宿っているのである。

一つの花がどんなに頑張っても三十五万個もの種子をつけることはできない。一つ一つの花が集まっているから、これだけの種子をつけることができるのである。この種子の数でガマは大きな繁殖力を誇っている。

とはいってもあんな小さな穂に三十五万の花が集まることは簡単ではない。だから一つの雌花は無駄なものを一切省いて雌しべだけのシンプルな構造になった。そしてサイズも譲り合うかのように小さくなり、一つの花は一粒だけ種子を作るようになったのである。三十五万の思いが集まって、ガマは寸分の隙もない一つの穂になっている。力を合わせるということは、こういうことをいうのだろう。限られた小さな惑星、地球にすんでいる六十億の人類にとっても示唆に富む考え方ではないだろうか。

ヨシ

葦《よし》　イネ科

決して悪くは考えない

難波潟《なにわがた》みじかき葦《あし》のふしの間《ま》も逢《あ》はでこの世をすぐしてよとや（伊勢）

百人一首で歌われているのは、もちろん「短き足」ではない。植物の「葦《あし》」である。「葦の節《ふし》と節の間の短い間さえも逢わずにいられない」と詠まれた舞台「難波潟」は今の大阪市難波《なんば》である。今ではにぎやかなこの街も、昔は葦原《あしはら》が広がる景勝地だったのである。

アシは大阪市の花にも指定されている。商業都市の大阪では、アシはお金を意味する「お足」を連想させて縁起もよいが、アシは「悪し」にもつながることから、「良し」にかけてヨシとも呼ばれている。現在では図鑑の名前はヨシである。「アシやヨシが生えている」と表現されることが多いが、どちらも同じ植物である。

ヨシが一面に生える場所はヨシ原と呼ばれる。遊郭で有名な江戸の元吉原《もとよしわら》（現在の中央区日本橋堀留《ほりどめ》付近）の地名もその昔は一面にヨシが生えていたのだろう。

吉田や芦屋など、ヨシやアシにかかわる地名は多い。その昔、日本ではそこらじゅうにヨシが一面に生えていた。日本のことを「豊葦原瑞穂国《とよあしはらのみずほのくに》」というが、これも「葦がしげり稲のみのり豊かな国」の意味である。現在、平野として栄えているところの多くは、灌漑技術が発達して新田開発されるまでは、一面の葦原だったのである。日本中にそれだけ生えていたというのは、ヨシがそれだけ力の強い植物である証拠である。

植物の群落は年数が経つに連れて、しだいに力の強い植物に種類が変わっていく。最初は小さな雑草が生えていたところへ、やがて雑木が生えていく。そして、木どうしが競争をして最後には大木が生い茂る深い森林となって安定するのである。この変化は「遷移」と呼ばれ、遷移の最終段階の植物群落は「極相《きよくそう》」と呼ばれている。しかし、極相を形成するはずの大木が生えることができない水辺では、ヨシが極相を形成する。ヨシは水辺を戦いの場としたルール無用のバトルロイヤルの最後の覇者なのである。

水辺に大木が生えないのは、水の流れや強風が生育を妨げるからだ。昆虫学者として有名なファーブルが書いた『植物記』のなかで、ヨシは突風に倒れそうになったカシの木にこう語りかける。

「私はあなたほど風が怖くない。折れないように身をかがめるからね」

「柳に風」という言葉がある。カシのような大木は頑強だが、予想以上の強風が来たと

245　ヨシ

きには持ちこたえられずに折れてしまう。ところが、細くて弱そうに見えるヨシの茎は風になびいて折れることはない。外からの力をかわすことは、強情に力くらべをするよりもずっと強いのである。ヨシは茎を中空にしている。そうすることで茎はたわみによって大きな抵抗力を持つことができる。この発明は意外な効果もあった。茎を中空にすることで材料費が節約できるので、そのぶん茎を高く伸ばすことができるのである。大きくなると茎がしなってしまうので、茎のところどころには節を入れて補強した。これが、百人一首に詠まれた「みじかき葦のふしの間」である。こうして、ヨシは水流や強風に負けない強くて軽い巨大な体を手にすることができたのである。軽くて丈夫なこの茎はよしずの材料としても用いられている。

「人間は考える葦である」とパスカルはいった。

ヨシは人間のようには考えない。よけいなことは一切考えず、強く生きることだけを目指して生きてきた。それが、ヨシを成功させたのである。

人間はよけいなことばかり考えすぎて、ヨシのように純粋に生きることに没頭できない。「逢はでこの世を」と冒頭の百人一首の歌のなかで恋に迷うのも人間だからである。しかし、人間にとっては考える力こそが強みだ。「アシ（悪し）」の名を「ヨシ（良し）」に変えたプラス思考で、くよくよ考えずに強く生きようではないか。

エピローグ――向上心のない生命はない

落ち込んだときや、くじけたとき、うつむいて歩いていると視界に入るのが地べたに生きる雑草たちである。

あるものは、踏みにじられて葉がボロボロになりながらも、小さな花をしっかりと咲かせている。あるものは、コンクリートの隙間で乾ききったわずかな土に根づいて、それでも太い茎を伸ばしている。またあるものは、木枯らし吹きすさぶ凍った大地で光を求めて青々と葉を広げている。たかが雑草とさげすむ人もいるだろう。しかし名もなき小さな雑草たちでさえ、こんなにも懸命に生命の炎を燃やしているのだ。

雑草の姿をよく見てみると、どれもがみんな太陽に向かって葉を広げ、天を仰いでいることに気がつくだろう。人間は横を向いて生きているが、雑草はつねに上を向いて生きている。うつむいている雑草などないのだ。雑草と同じように私も顔を上げ、空を見上げてみる。果てしなく広がる空と降り注ぐ太陽の光。これこそが、雑草がいつも見ている風景である。そして、力みなぎるこの感覚こそがおそらくは雑草の気持ちなのだ。

雑草ばかりではない。動物も、鳥も、昆虫も、肉眼では見えない微生物も、すべての生命あるものは、より強く生きたいというエネルギーを持っている。そしてすべての生命が強く生き抜こうと力の限りのエネルギーを振り絞っている。向上心のない生命はないのだ。

この本で紹介した五十種の雑草たちは、決してジャングルや砂漠など、特別の場所で生きる珍しい植物ではない。どれもこれも私たちの身近に生えている雑草である。そんなありふれた世界であっても、視点を落として雑草の世界をのぞいてみると、私たちはそのたくましさに驚愕し、そのひたむきさに心打たれ、そのしたたかさに舌を巻く。

こんなにも驚異の世界が足もとに広がっているにもかかわらず、行き交う多くの人々は気にも留めず、雑草を踏みつけながら足早に通り過ぎてしまう。まさに心そこにあらざれば、ということだろう。しかし、ほんの少し見方を変えてみるだけで、これだけの新たな世界が無限に開けるのである。雑草の視点で雑草の世界をのぞきみる、この素朴な体験が、読者の皆さんが見慣れた風景のなかに新たな世界を発見する一助になったとしたら、著者としてこんなにうれしいことはない。

この本をきっかけに雑草の生活をのぞきみようという方が増えれば、さらに魅力的な雑草の生き方が明らかにされることだろう。

ここに紹介した雑草の暮らしは、多くの方々の地道な調査や研究によって明らかにされたものばかりである。論文や著書を引用させていただいた研究者の方々に深謝したい。一般向けの読みものという性格から、それぞれの研究者のお名前を記載しなかった点はご容赦いただきたいと思う。

雑草の生き方や暮らしぶりを、時に必要以上に擬人化して表現しているため、不正確であるとお思いになる方もおられるだろう。しかし、雑草を観察すればするほど、雑草のことを知れば知るほど、彼らの生活ぶりが人間くさく感じられることもまた事実なのだ。科学的な視点でないことは承知したうえで、あえて雑草と同じ目線に立って、人間と同じ生命を持つ等身大の姿を表現したいと考えた。ただし、専門の研究者の方々から見れば、不備な点もあろうかと思う。私の理解不足があればご指摘とご叱正を賜りたい。

名もなき雑草たちにスポットを当てようとしたこの本が「草」の名を持つ出版社の草思社から出版できることは望外の喜びである。また、三上修さんには精密でいきいきとした雑草の姿を描いていただいた。深く感謝申し上げたい。

平成十五年七月

稲垣栄洋

文庫版あとがき

「世の中に、雑草ファンがこんなに広くいるとは思わなかった。」

これが、本書の親本となる単行本の編集担当者の評価である。人々は、はびこる雑草を毛嫌いしながらも、一方ではそのたくましさに惹かれる。そして、無名のヒーロー達は、雑草魂や「雑草」と言うのは、じつに不思議な言葉である。

雑草軍団と、雑草になぞらえて称賛されるのである。役にも立たない厄介者の雑草ではあるが、どうやら、その生き方は読者の方々に好意を持って受け入れられたらしい。

親本の単行本は、さまざまな方から反響をいただいた。

企業経営者やビジネスマンの方々からは、逆境を克服する雑草の戦略と戦術の数々が参考になったとお便りいただいた。学校教育関係者の方々からは、校庭の身近な雑草から、子どもたちに生きる力を伝えたいというお話があった。意外なところでは、仏教関係の方々から、ひたむきに咲く雑草の花の姿の中に仏の智慧があるというお言葉をいただいた。中学生からは読書感想文で賞を取ったというお手紙があったし、国語の入試の問題にも利用されているせいか、多くの受験生の方にも読んでいただいているようだ。あるいは「雑草が愛おしくなって、草取りができなくなってしまいました」という深刻な苦情（？）も多く寄せられた。

こんなにもさまざまな方々に読んでいただけたのは、もはや私の力などではなく、間違いなく雑草の力だろう。雑草と忌み嫌われる植物たちの生きるドラマが、多くの方々の力となったとしたら、著者としてこんなにうれしいことはない。

雑草は、本来は弱い植物である。しかし弱いからこそ、さまざまな戦略と工夫で逆境を乗り越え、逆境をプラスに転換してきた。そして、どんな環境であっても、必ず花を咲かせて実を結び、種を残す。これが雑草の生き方である。

文庫本の出版にあたって、久しぶりに原稿を読み返し、逆境をプラスに変える雑草の生き方を、私自身も再び咀嚼してみた。

親本が出版されてから八年。逆境を生き抜く雑草の生き方は多くの方々に共感をいただいてきたが、その後の時世を見れば、社会を取り巻く状況はますます厳しさを増すばかりである。私たちはまだまだ雑草から学ぶことができそうである。

親本の出版にあたって、タイトルを「身近な雑草」とすることにこだわった。普段見過ごしている私たちの足元にこれだけ豊かな世界があることを伝えたい、そんな思いから、もともと身のまわりにある雑草に、わざわざ「身近な」とつけたのである。

「雑草とは何か?」この問いに対して、アメリカの思想家ラルフ・ワルド・エマーソンは、こう答えている。「雑草とは、未だその価値を見出されていない植物である。」

何も雑草ばかりではない。すべてのものに価値があるはずなのに、私たちはそれを見つけられずにいる。文庫本となって、再び日の目を見ることになった雑草の生きるドラマが、皆さんの足元の価値あるものを見つける一助になればうれしい。

最後に、本書の文庫化にあたりご尽力いただいた筑摩書房の鎌田理恵さんに感謝申し上げたい。

二〇一一年二月

稲垣栄洋

解説　たくましく生きよ！　雑草たち（ただしうちの庭以外で）

宮田珠己

最近自分の庭を持つようになり、いきおい雑草と格闘することが多くなった。わたしには別に立派な花壇を作ろうとか、自家菜園やりたいとか、そういった園芸関連の野望はなく、ただなんとなく穏やかに芝生を植えて事足れりとするつもりだったのであるが、そのようなわたしの都合にはお構いなく、それはやってきた。

こっちは本気で園芸に取り組んでないのだから、雑草のほうでもそれなりに手加減してぬるい感じで付き合ってもらいたいんだけれども、そういう空気は全然読まず、敵は最初から本気モードである。気がつくと芝生のど真ん中に得体の知れないひょろ長い草が、にょにょっと生えている。あれはいったい何か。昨日はなかったはずなのに。

それでそのうち引っこ抜いてやろうと思いはするものの、急ぐこともあるまいと油断していると、翌日には、にょにょにょにょっとそれは伸びており、ああそろそろ抜かないとなあ、と思って次に見たときには、おわわわ、なんということであろう、得体の知れぬ有象無象のものどもが、芝生の上で無数に踊り狂っているではないか！

慌てて引っこ抜きに出てみるものの、除去できるのは地表に出ている葉と茎だけで、土の中では根っこが芝と縦横無尽に絡まって意固地になっている。驚いたのは、ほんの小さな葉があるだけの雑草を引っこ抜いたら、下からえらいでかい根菜みたいなものが出てきたことで、表の顔と全然違うだろそれ、ふざけてはいけないのである。

そうやって格闘の末に、おおむね表向きは芝生の庭へと原状回復され、よっしゃよっしゃ地表に出てこなければよいのだ地表に。とひとまずの成果に胸をなでおろしたのも束の間、あろうことか家の北側、黒いシートで地面を覆いその上から砂利を敷いた、緑などまるで想定しなかった通路に、なんでやねん、そこらじゅうから雑草こんにちは、って。雑草避けのシート敷いたんちゃうんかい！

とまあ俄然、雑草がエイリアンか超次元生命体のように感じられるようになった今日この頃です。

とはいえ、たしかに困惑はしているものの、一方で植物って面白いなあと思い始めているのも事実で、とりわけバラだのチューリップだのといった過保護に育てられているものより、名も知れぬ雑草が日だまりでゆらゆらと風に揺れていたりする姿を見ると、それが道端だとか他人の庭であれば、実にのどかな眺めに感じられ、ふと、いろいろつらいこともあるけど、自分は今生きている、それだけで十分幸せなことなんだなあ、なんて人生全般に心和んだりするのだった。

それにしても、雑草たちがこれほどバラエティに富んだ奇想天外な生き方をしていたとは、この『身近な雑草の愉快な生きかた』を読むまでまったく知らなかった。アスファルトを突き破るハマスゲには驚いたし、ゴルフ場のグリーンとラフで背の高さを変えるスズメノカタビラも不思議だ。原爆で焦土と化した広島で真っ先に生えてきたスギナとか、根っこが五五〇キロメートル（！）もあったカラスムギとか、池が凍る前に水中に沈んで春を待つウキクサなんて、その生命力には感動すら覚える。それから何だって？　土中に花を咲かせるミゾソバ？　土の中に咲く花なんてそんなものがあるのか。ほかにも外来タンポポの在来タンポポと交配して、どんどん入れ替わっていく生存戦略には戦慄を覚え、さらに日本全国に咲くマンジュシャゲが、すべて同一のクローンだったとは驚きを通り越して不気味ですらある。

この本に登場するなかでわたしが気に入ったのは、オオバコやコニシキソウといった、地べたで踏まれながら生きる雑草たちだ。他の植物と競争せず、踏まれやすい場所にこそ進出していく奴ら。踏まれることに慣れてしまえば、こんなに敵の少ない生き方はないという。わたしもぜひそうやってのんびりと暮らしていきたいもんじゃないか。って、そのためにはまず踏まれないといけないのだが。

ともあれ、思わずすらすらと読んで、ときに雑草に感情移入までしてしまったのは、著者の雑草を擬人化して書くという手法が、素人のわたしのような読者にわかりやすかったせいだろう。著者がさりげなく嚙み砕いて説明してくれるから、専門知識のない読者でも難なく理解できる。さらに緻密で丁寧なイラストが、ああこの草か、そういえば見たことがあるという記憶を呼び起こす。モノクロなのに、これだけクリアに喚起させる画力は、見事としか言いようがない。おかげで、一気に雑草理解が深まり、思わず現物を探しに行きたくなるほど愛着も増したが、愛着が増したのはあくまでも道端とか他人の家の庭に生える雑草たちであって、うちの庭のは別である。

ありがたいことに、最近ではうちの庭には雑草がめっきり生えなくなった。どうやら芝生以外の草はどこかへいってしまったようなのだ。庭を眺めるとき、なるべく薄目で見ると、全体に低い草で覆われているので、それとわかる。ときおりやたら背の高い芝や、広く大きな葉を持つ芝とか、でっかい黄色い花の咲いた芝とか、地面に沿ってギザギザに伸びる芝とか、そういうやんちゃな芝が調和を乱すが、そうはいっても全部芝だから目立つ部分だけ取り除いてやれば何の問題もない。
なに、それは芝じゃないって？
何を言ってるんだ。薄目でよく見てみたまえ、全部芝にしか見えないじゃないか。

（みやた・たまき　エッセイスト）

参考文献

いぬいみのる『ウキクサのじゅうたん　小さな植物のちから』大日本図書　一九七八年
室井綽・清水美重子『ほんとの植物観察　ヒマワリは日に回らない』地人書館　一九八三年
河野昭一編『植物の生活史と進化1　雑草の個体群統計学』培風館　一九八四年
J・H・ファーブル　日高敏隆・林瑞枝訳『ファーブル植物記』平凡社　一九八四年
鈴木邦彦『柑橘園の草管理』静岡県柑橘農業協同組合連合会　一九八五年
草川俊『野草の歳時記』読売新聞社　一九八七年
清水基夫編『日本のユリ　原種とその園芸種』誠文堂新光社　一九八七年
林弥栄監修　平野隆久写真『野に咲く花』山と渓谷社　一九八九年
松江幸雄『日本のひがんばな』文化出版局　一九九〇年
岡本尚『植物の知られざる生命力』大月書店　一九九一年
湯浅明『いま、花について』ダイヤモンド社　一九九二年
浅井康宏『緑の侵入者たち　帰化植物の話』朝日選書　一九九三年
伍井一夫『楽しい植物の科学　おかあさんといっしょ実験・観察』新生出版　一九九三年
森茂弥・城川四郎・勝山輝男・高橋秀男『スミレもタンポポもなぜこんなにたくさましいのか』P

ＨＰ研究所　一九九三年
中西弘樹『種子はひろがる　種子散布の生態学』平凡社　一九九四年
室井綽・清水美重子『続ほんとの植物観察　庭で、ベランダで、食卓で』地人書館　一九九五年
稲垣栄洋『朝霧の草地雑草ノート』富士地域普及事業協議会　一九九六年
井上健編『植物の生き残り作戦』平凡社　一九九六年
鷲谷いづみ『オオブタクサ、闘う　競争と適応の生態学』平凡社　一九九六年
興津要『食辞林』双葉社らいふ新書　一九九七年
デービッド・アッテンボロー　門田裕一監訳　手塚勲・小堀民恵訳『植物の私生活』山と溪谷社　一九九八年
松中昭一『きらわれものの草の話』岩波ジュニア新書　一九九九年
田中肇　平野隆久写真『花の顔　実を結ぶための工夫』山と溪谷社　二〇〇〇年
多田多恵子　熊田達夫写真『花の声　町の草木が語る知恵』山と溪谷社　二〇〇〇年
岩瀬徹・川名興『たのしい自然観察　雑草博士入門』全国農村教育協会　二〇〇一年
田中肇『花と昆虫、不思議なだましあい発見記』講談社　二〇〇一年
塚谷裕一『植物のこころ』岩波新書　二〇〇一年
稲垣栄洋『雑草の成功戦略　逆境を生きぬく知恵』ＮＴＴ出版　二〇〇二年
多田多恵子『したたかな植物たち』ＳＣＣ　二〇〇二年

本書は二〇〇三年七月に、草思社より刊行された。

解剖学教室へようこそ　養老孟司

解剖すると何が「わかる」のか。動かぬ肉体という具体から、どこまで思考が拡がるのか。養老ヒト学の原点を示す記念碑的一冊。（南直哉）

考えるヒト　養老孟司

意識の本質とは何か。私たちはそれを知ることができるのか。脳と心の関係を探り、無意識に目を向ける。自分の頭で考えるための入門書。（玄侑宗久）

身近な雑草の愉快な生きかた　稲垣栄洋　三上修・画

名もなき草たちの暮らしぶりと生き残り戦術を愛情とユーモアに満ちた視線で観察、紹介した植物エッセイ。繊細なイラストも魅力。（宮田珠己）

身近な虫たちの華麗な生きかた　稲垣栄洋　小堀文彦・画

地べたを這いながらも、いつか華麗に変身することを夢見てしたたかに生きる身近な虫たちを紹介する。精緻で美しいイラスト多数。（小池昌代）

クマにあったらどうするか　姉崎等　片山龍峯

「クマは師匠」と語り遺した狩人が、アイヌ民族の知恵と自身の経験から導き出した超実践クマ対処法。クマと人間の共存する形が見えてくる。（遠藤ケイ）

木の教え　塩野米松

かつて日本人は木と共に生き、木に学んだ教訓を受け継いできた。効率主義に囚われた現代にこそ生かしたい「木の教え」を紹介。（丹羽宇一郎）

脳はなぜ「心」を作ったのか　前野隆司

「意識」とは何か。どこまでが「私」なのか。死んだら「心」はどうなるのか。——「意識」と「心」の謎に挑んだ話題の本の文庫化。（夢枕獏）

錯覚する脳　前野隆司

「意識のクオリア」も五感も、すべては脳が作り上げた錯覚だった！　ロボット工学者が科学的に明らかにする衝撃の結論を信じられますか。（武藤浩史）

増補　へんな毒すごい毒　田中真知

フグ、キノコ、火山ガス、細菌、麻薬……自然界にあふれる毒の世界。その作用の仕組みから解毒法、さらには毒にまつわる事件なども交えて案内する。

ニセ科学を10倍楽しむ本　山本弘

「血液型性格診断」「ゲーム脳」など世間に広がるニセ科学。人気SF作家が会話形式でわかりやすく教える、だまされないための科学リテラシー入門。

いのちと放射能　柳澤桂子

放射性物質による汚染の怖さ。癌や突然変異が引き起こされる仕組みをわかりやすく解説し、命を受け継ぐ私たちの自覚を問う。（永田文夫）

熊を殺すと雨が降る　遠藤ケイ

山で生きるには、自然についての知識を磨き、己れの技量を謙虚に見極めねばならない。山村に暮らす人びとの生業、猟法、川漁を克明に描く。

ダダダダ菜園記　伊藤礼

畑づくりの苦労、楽しさを、滋味とユーモア溢れる文章で描く。自宅の食堂から見える庭いっぱいの農場で〝伊藤式農法〟確立を目指す。（宮田珠己）

哺育器の中の大人［精神分析講義］　伊丹十三　岸田秀

愛や生きがい、子育てや男（女）らしさなど具体的な問題について対話し、幻想・無意識・自我など精神分析の基本を分かりやすく解き明かす。（春日武彦）

こころの医者のフィールド・ノート　中沢正夫

こころの病に倒れた人と一緒に悲しみ、怒り、闘う医師がいる。病ではなく〝人〟のぬくもりをしみじみと描く感銘深い作品。（沢野ひとし）

本番に強くなる　白石豊

メンタルコーチである著者が、禅やヨーガの方法をとりいれつつ、強い心の作り方を解説する。「ここ一番」で力が出ないというあなたに！（天外伺朗）

自分を支える心の技法　名越康文

対人関係につきものの怒りに気づき、「我慢する」のでなく、それを消すことをどう続けていくか。人気精神科医からのアドバイス。長いあとがきを附す。

加害者は変われるか？　信田さよ子

家庭という密室で、DVや虐待は起きる。「普通の人」がなぜ？　加害者を正面から見つめ分析し、再発を防ぐ考察につなげた、初めての本。（牟田和恵）

人生の教科書［人間関係］　藤原和博

人間関係で一番大切なことは、相手に「！」を感じてもらうことだ。そのための、すぐに使えるヒントが詰まった一冊。（茂木健一郎）

バナナの皮はなぜすべるのか？　黒木夏美

定番ギャグ「バナナの皮すべり」はどのように生まれたのか？　マンガ、映画、文学……あらゆるメディアを調べつくす。（パオロ・マッツァリーノ）

超芸術トマソン　赤瀬川原平

都市にトマソンという幽霊が！　街歩きに新しい楽しみを、表現世界に新しい衝撃を与えた超芸術トマソンの全貌。新発見珍物件増補。（藤森照信）

日本美術応援団　赤瀬川原平・山下裕二

雪舟の「天橋立図」凄いけどどこかヘン!?　光琳にはなくて宗達にはある〝乱暴力〟とは？　教養主義にとらわれない大胆不敵な美術鑑賞法!!

ぼくなりの遊び方、行き方　横尾忠則

日本を代表する美術家の自伝。登場する人物、起こる出来事その全てが日本のカルチャー史！　壮大な物語はあらゆるフィクションを超える。（川村元気）

モチーフで読む美術史　宮下規久朗

絵画に描かれた代表的な「モチーフ」を手掛かりに美術を読み解く、画期的な名画鑑賞の入門書。カラー図版約150点を収録した文庫オリジナル。

しぐさで読む美術史　宮下規久朗

西洋美術では、身振りや動作で意味や感情を伝える。古今東西の美術作品を「しぐさ」から解き明かす『モチーフで読む美術史』姉妹編。図版200点以上。

春画のからくり　田中優子

春画では、女性の裸だけが描かれることはなく、男女の絡みが描かれる。男女が共に楽しんだであろう性表現に凝らされた趣向とは。図版多数。

ROADSIDE JAPAN 珍日本紀行 東日本編　都築響一

秘宝館、意味不明の資料館、テーマパーク……。路傍の奇跡ともいうべき全国の珍スポットを走り抜ける旅のガイド、東日本編一七六物件。

ROADSIDE JAPAN 珍日本紀行 西日本編　都築響一

蠟人形館、怪しい宗教スポット、町おこしの苦肉の策が生んだ妙な博物館。日本の、本当の秘境は君のすぐそばにある！　西日本編一六五物件。

既にそこにあるもの　大竹伸朗

画家、大竹伸朗「作品への得体の知れない衝動」を伝える20年間のエッセイ。文庫では新作を含む木版画、未発表エッセイ多数収録。（森山大道）

私の好きな曲　吉田秀和

永い間にわたり心の糧となり魂の慰藉となってきた、最も愛着の深い音楽作品について、その魅力を語る、限りない喜びにあふれる音楽評論。（保苅瑞穂）

グレン・グールド　青柳いづみこ
20世紀をかけぬけた衝撃の演奏家の遺した謎をピアニストの視点で追い究め、ライヴ演奏にも着目、つねに斬新な魅惑と可能性に迫る。（小山実稚恵）

Ai　ジョン・レノンが見た日本　ジョン・レノン絵　オノ・ヨーコ序
ジョン・レノンが、絵とローマ字で日本語を学んだスケッチブック。「おだいじに」「毎日生まれかわります」などジョンが捉えた日本語の新鮮さ。

アンビエント・ドライヴァー　細野晴臣
はっぴいえんど、YMO……日本のポップシーンで様々な花を咲かせ続ける著者の進化し続ける自己省察。帯文＝小山田圭吾（テイ・トウワ）

skmt　坂本龍一とは誰か　坂本龍一＋後藤繁雄
坂本龍一は、何を感じ、どこへ向かっているのか？　独特編集者・後藤繁雄のインタビューにより、独創性の秘密にせまる。予見に満ちた思考の軌跡。

ゴッチ語録　決定版　後藤正文
ロックバンドASIAN KUNG-FU GENERATIONのフロントマンが綴る音楽のこと。対談＝宮藤官九郎他。コメント＝谷口鮪（KANA-BOON）

ホームシック　ECD＋植本一子
ラッパーのECDが、写真家・植本一子に出会い、家族になるまで。植本一子の出産前後の初エッセイも。二人の文庫版あとがきも収録。（窪美澄）

キッドのもと　浅草キッド
生い立ちから凄絶な修業時代、お笑い論、家族への思いまで。孤高の漫才コンビが仰天エピソード満載で送る笑いと涙のセルフ・ルポ。（宮藤官九郎）

小津安二郎と「東京物語」　貴田庄
小津安二郎の代表作「東京物語」はどのように誕生したのか？　小津の日記や出演俳優の発言、スタッフの証言などをもとに迫る。文庫オリジナル。

しどろもどろ　岡本喜八
「面白い映画は雑談から生まれる」と断言する岡本喜八。映画への思い、戦争体験……、シリアスなことでもユーモアを誘う絶妙な語り口が魅了する。

ゴジラ　香山滋
今も進化を続けるゴジラの原点。太古生命への讃仰、原水爆への怒りなどを込めた、原作者による小説・エッセイなどを集大成する。（竹内博）

整体入門 野口晴哉

日本の東洋医学を代表する著者による初心者向け野口整体のポイント。体の偏りを正す基本の「活元運動」から目的別の運動まで。（伊藤桂一）

風邪の効用 野口晴哉

風邪は自然の健康法である。風邪をうまく経過すれば体の偏りを修復できる。風邪を通して人間の心と体を見つめた、著者代表作。（伊藤桂一）

体癖 野口晴哉

整体の基礎的な体の見方、「体癖」とは？ 人間の体をその構造や感受性の方向によって、12種類に分ける。それぞれの個性を活かす方法とは？（加藤尚宏）

整体から見る気と身体 片山洋次郎

「整体」は体の歪みの矯正ではなく、歪みを活かしてのびのびした体にする。老いや病はプラスにもなる。滔々と流れる生命観。よしもとばなな氏絶賛！

東洋医学セルフケア 365日 長谷川淨潤

風邪、肩凝り、腹痛など体の不調を自分でケアできる方法満載。整体、ヨガ、自然療法等に基づく呼吸法、運動等で心身が変わる。索引付。必携！

身体能力を高める「和の所作」 安田登

なぜ能楽師は80歳になっても颯爽と舞うことができるのか？ 「すり足」「新聞パンチ」等のワークで大腰筋を鍛え集中力をつける。（内田樹）

はじめての気功 天野泰司

気功をすると、心と体のゆとりができる。何かがふっと楽になる。のびのびとした活動で自ら健康を創る、はじめての人のための気功入門。（鎌田東二）

居ごこちのよい旅 松浦弥太郎 若木信吾写真

マンハッタン、ヒロ、バークレー、台北……匂いや気配で道を探し、自分だけの地図を描くように歩いてみよう。12の街への旅エッセイ。（若木信吾）

わたしが輝くオージャスの秘密 服部みれい 蓮村誠監修

インドの健康法アーユルヴェーダでオージャスとは生命エネルギーのこと。オージャスを増やして元気で魅力的な自分になろう。モテる！ 願いが叶う！

あたらしい自分になる本 増補版 服部みれい

著者の代表作。心と体が生まれ変わる知恵の数々。文庫化にあたり新たな知恵を追加。冷えとり、アーユルヴェーダ、ホ・オポノポノetc.（辛酸なめ子）

味覚日乗　辰巳芳子

春夏秋冬、季節ごとの恵み香り立つ料理歳時記。日々のあたりまえの食事を、自らの手で生み出す喜びと呼吸を、名文章で綴る。（藤田千恵子）

諸国空想料理店　高山なおみ

注目の料理人の第一エッセイ集。世界各地で出会った料理をもとに空想力を発揮して作ったレシピ。よしもとばなな氏も絶賛。（南椌椌）

ちゃんと食べてる？　有元葉子

元気に豊かに生きるための料理とは？　食材や道具の選び方、おいしさを引き出すコツなど、著者の台所の哲学がぎゅっとつまった一冊。（高橋みどり）

買えない味　平松洋子

一晩寝かしたお芋の煮っころがし、土瓶で淹れた番茶、風にあてた干し豚の滋味……日常の中にこそある、おいしさを綴ったエッセイ集。（中島京子）

くいしんぼう　高橋みどり

高望みはしない。ゆでた野菜を盛るくらい。でもごはんはちゃんと炊く。料理する、食べる、それを繰り返す、読んでおいしい生活の基本。（高山なおみ）

昭和の洋食 平成のカフェ飯　阿古真理

小津安二郎『お茶漬の味』から漫画『きのう何食べた？』まで、家庭料理はどのように描かれてきたか。食と家族と社会の変化を読み解く。（上野千鶴子）

色を奏でる　志村ふくみ・文 井上隆雄・写真

色と糸と織——それぞれに思いを深めて織り続ける染織家にして人間国宝の著者の、エッセイと鮮かな写真が織りなす豊醇な世界。オールカラー。

なんたってドーナツ　早川茉莉編

貧しかった時代の手作りおやつ、日曜学校で出合った素敵なお菓子、毎朝宿泊客にドーナツを配るホテル、哲学させる穴……。文庫オリジナル。

玉子ふわふわ　早川茉莉編

国民的な食材の玉子、むきむきで抱きしめたい！森茉莉、武田百合子、吉田健一、山本精一、宇江佐真理ら37人が綴る玉子にまつわる悲喜こもごも。

暮しの老いじたく　南和子

老いは突然、坂道を転げ落ちるようにやってくる。その時になってあわてないために今、何ができるか。道具選びや住居など、具体的な50の提案。

スタバではグランデを買え！　吉本佳生
身近な生活で接するものやサービスの価格を、やさしい経済学で読み解く。「取引コスト」という概念で学ぶ、消費者のための経済学入門。（西村喜良）

新宿駅最後の小さなお店ベルク　井野朋也
新宿駅15秒の個人カフェ「ベルク」。チェーン店にはない創意工夫に満ちた経営と美味さ。帯文＝奈良美智（柄谷行人／吉田戦車／押野見喜八郎）

味方をふやす技術　藤原和博
他人とのつながりがなければ、生きてゆけない。でも味方をふやすためには、嫌われる覚悟も必要だ。ほんとうに豊かな人間関係を築くために！

ほんとうの味方のつくりかた　松浦弥太郎
一人の力は小さいから、豊かな人生に〈味方〉の存在は欠かせません。若い君に贈る、大切な味方の見つけ方と育て方を教える人生の手引書。（水野仁輔）

増補　経済学という教養　稲葉振一郎
新古典派からマルクス経済学まで、知っておくべき経済学のエッセンスを分かりやすく解説。本書を読めば筋金入りの素人になれる⁉（小野善康）

町工場・スーパーなものづくり　小関智弘
宇宙衛星から携帯電話まで、現代の最先端技術を支えているのが町工場だ。そのものづくりの原点を、元旋盤工でもある著者がルポする。（中沢孝夫）

トランプ自伝　ドナルド・トランプ／トニー・シュウォーツ　相原真理子訳
一代で巨万の富を築いたアメリカの不動産王ドナルド・トランプが、その華麗なる取引の手法を赤裸々に明かす。（ロバート・キヨサキ）

英語に強くなる本　岩田一男
昭和を代表するベストセラー、待望の復刊。暗記やテクニックではなく本質を踏まえた学習法は今も新鮮なわかりやすさをお届けします。（晴山陽一）

英単語記憶術　岩田一男
単語を構成する語源を捉えることで、語の成り立ちを理解することを説き、丸暗記では得られない体系的な英単語習得を提案する50年前の名著復刊。

ポケットに外国語を　黒田龍之助
言葉への異常な愛情で、外国語本来の面白さを伝えるエッセイ集。ついでに外国語学習が、もっと楽しくなるヒントもつまっている。（堀江敏幸）

考現学入門　今和次郎　藤森照信編

震災復興後の東京で、都市や風俗への観察・採集からはじまった〈考現学〉。その雑学の楽しさを満載し、新編集でここに再現。（藤森照信）

路上観察学入門　赤瀬川原平／藤森照信／南伸坊編

マンホール、煙突、看板、貼り紙……路上から観察できる森羅万象を対象に、街の隠された表情を読みとる方法を伝授する。（とり・みき）

TOKYO STYLE　都築響一

小さい部屋が、わが宇宙。ごちゃごちゃと、しかし快適に暮らす、僕らの本当のトウキョウ・スタイルはこんなものだ！　話題の写真集文庫化！

自然のレッスン　北山耕平

自分の生活の中に自然を蘇らせる、心と体と食べ物のレッスン。自分の生き方を見つめ直すための詩的な言葉たち。帯文＝服部みれい（曽我部恵一）

バーボン・ストリート・ブルース　高田渡

流行に迎合せず、グラス片手に飄々とうたい続け、いぶし銀のような輝きを放ちつつ逝った高田渡の酔いどれ人生、ここにあり。（スズキコージ）

素敵なダイナマイトスキャンダル　末井昭

実母のダイナマイト心中を体験した末井少年が、革命的野心を抱きながら上京、キャバレー勤務を経て伝説のエロ本創刊に到る仰天記。（花村萬月）

青春と変態　会田誠

著者の芸術活動の最初期にあり、高校生男子の暴発するエネルギーを、日記形式の独白調で綴る変態的青春小説もしくは青春的変態小説。（松蔭浩之）

官能小説用語表現辞典　永田守弘編

官能小説の魅力は豊かな表現力にある。本書は創意工夫の限りを尽したその表現をピックアップした、日本初かつ唯一の辞典である。（重松清）

増補　エロマンガ・スタディーズ　永山薫

制御不能の創造力と欲望で数多の名作・怪作を生んできた日本エロマンガ。多様化の歴史と主要ジャンルを網羅した唯一無二の漫画入門。（東浩紀）

いやげ物　みうらじゅん

水で濡らすと裸が現われる湯呑み。着ると恥ずかしい地名入Tシャツ。かわいいが変な人形。抱腹絶倒土産物、全カラー。（いとうせいこう）

ちくま文庫

身近《みぢか》な雑草《ざっそう》の愉快《ゆかい》な生《い》きかた

二〇一一年四月十日 第一刷発行
二〇一九年四月二十日 第十六刷発行

著者 稲垣栄洋（いながき・ひでひろ）
絵 三上修（みかみ・おさむ）
発行者 喜入冬子
発行所 株式会社 筑摩書房
東京都台東区蔵前二―五―三 〒一一一―八七五五
電話番号 〇三―五六八七―二六〇一（代表）
装幀者 安野光雅
印刷所 三松堂印刷株式会社
製本所 三松堂印刷株式会社

ISBN978-4-480-42819-6 C0145